国际知名企业标志性建筑设计译丛

# 全球银行办公大楼设计

〔西〕 亚历杭德罗·巴阿蒙
安娜·卡尼萨雷斯 著

路 培 译

中国建筑工业出版社

# 导言

亚历杭德罗·巴阿蒙（Alejandro Bahamón）

## 交换——银行的起源

  各类银行机构从 17 世纪末诞生之日起，便善于利用建筑来彰显自身形象。与银行相关的活动甚至可以追溯至古代：那时候，来自一个军事和宗教团体的宗教骑士们在囤储贵重财物的同时，还充当着在各个机构、地区以及国家之间运送贵重财物的角色。而如今我们概念中银行的起源则与中世纪时期的财物交换存在着联系。那时候的财物交换多在人流集中的城市公共广场中进行，具体说来，人们通常是在定期举办的集市上，或露天或在大型建筑物的拱廊下支起摊位，于是就诞生了一种由长凳和木板组成的形式十分简单的交易台。当时的人们就是在这样一种被称之为"银行"的地方进行着财物的交换。比如像钱币清算、账款收支和其他类银行交易均在庄家（那个时代的银行家）的管理之下进行。大大小小城市的庄家们在地方权势的支持下，一边盘算着日常经营活动，一边筹建着各自的摊位。为了将银行活动与周边繁忙的市井交易区分开来，银行摊位被人们用拴在花岗石柱上的绳索隔离并保护起来，以确保其操作的严肃、诚实和对既成行规的恪守。如果其中某一摊位上发生了不诚实的交易，那么它就要在众目睽睽之下被砸毁。这也正是我们今天所说的"破产"的由来。银行业在文艺复兴时期经历了重大的变革，当时像佛罗伦萨美第奇家族一样的大型银行家族不仅参与国家间的借贷，还资助了当时一部分的国际贸易，直至 17 世纪第一批现代银行的诞生，比如成立于 1656 年的瑞典央行（Riksbank）和成立于 1694 年的英格兰银行。在当今时代，银行的构建原则和运营理念起初看来较之以前并未发生改变。然而，社会行为的改变和当今所取得的技术进步，已然促使一些新鲜的元素被纳入银行体系并使之发生改变。诸如资金存管、借贷、货币兑换或投资担保等传统银行业务一直以来均与一个稳固、安全和可信赖的实体紧密联系在一起。而当代人对这一实体的期望还增加了诸如透明、丰富的功能、可以满足个性化需求的服务、灵活性以及精密的信息管理系统等不能逐一列举的特性。如今，无论是大型金融集团还是中小型银行在创建或巩固其自身形象之时，都应将一整套复杂的需求体系纳入其考虑范围之内，尤其在建设总部大楼的时候。

## 银行建筑的发展

英格兰银行成立之初为私人所有，它的诞生于 18 世纪引发了大量家族私人银行的创立，其中许多银行没能运营几年便相继倒闭。于是，银行系统迅速朝着股份制的模式加以改革，使其所持有的资本可以最大程度维持其运营的稳定。改革后的股份制银行可以从当时欧洲最大的金融中心——伦敦直接调拨资金，但英格兰银行依然占据着垄断地位，因为它是当时唯一可以发行纸币的银行。英格兰银行的成长为其带来了一系列建筑项目，这些项目在长达三个多世纪的时间里使英格兰银行的面貌逐渐焕然一新，并缔造了伦敦的标志性建筑。约翰·索奈先生（John Soane）于19世纪初为英格兰银行做了其有史以来最为重要的改造设计，这次设计赋予建筑以庄严肃穆的风格，即便在经历1924年的修复之后这一风格仍保存完好。如今，整个建筑占地面积大约两公顷，包括气势恢宏的公众接待大厅、私人办公室、庭院、花园、仓库、钱库、公寓和警卫室。这不仅是英国最知名机构的栖身之所，它已经成为整个伦敦的城市坐标和整个国家身份的组成部分之一，同时也是大不列颠商业文化的象征。英格兰银行于1946年收归国有，1968年与英国最负盛名的其他几家银行合并。此次合并使得英国银行业最终四分天下，并由此缔造了20世纪真正意义上的标志性建筑。尽管在伦敦城如火如荼的银行大楼建设在20世纪八九十年代暂时停滞了，与此同时新的金融中心如法兰克福、纽约与东京等正日益兴起；伦敦在国际金融界至关重要的地位仍不可动摇，它依旧是银行建筑的标杆所在地。

## 现代银行

很少有其他类企业像银行一样善于利用建筑来推广其自身形象，甚至连银行办公大楼本身都在一定程度上变身为一种符号，一种可以彰显其身份的符号，一种借助央行发行的货币的流通得以普及开来的图像式符号。从英格兰银行开始，有无数银行办公大楼先后成为现代建筑史上里程碑式的作品。威廉·科蒂斯·格林（William

Curtis Green）设计的巴克莱（Barclays）总部大楼就是一例，曾一度成为该银行未来建筑的样板工程；理查德·塞弗特（Richard Seifert）的威斯敏斯特国家银行大厦迄今为止仍然是世界最高的悬臂结构大楼；诺曼·福斯特的香港汇丰银行大楼堪称高技派和绿色建筑的典范之作；贝聿铭设计的香港中国银行大楼一方面由于其独特的几何美感受到来自西方评论界的广泛赞誉，但与此同时却因违背风水原则为东方评论界所诟病。当今时代，各类银行机构无一不在追赶着技术现代化的发展步伐，继续将建筑作为其对外形象塑造的第一利器，只不过如今通过建筑所传达的讯息已不再是固若金汤般的深不可测，更加贴近客户和其个体需要的亲民性和灵活性已成为新的宣传重心。技术一如既往地在具体建筑的构建中扮演着首要角色，然而它所充当的绝不仅仅是建筑物本身的物理构件，比如那些超乎人类想象力之外的摩天高楼或是智能幕墙，除此之外，技术还可以作为建筑的概念或理论补充，从而定义新的建筑类型。曾经那些被装饰得富丽堂皇的大厅如今已被宽敞的公共接待空间所取代，在这里建筑及室内设计的诸多细节取决于自动化服务设施的要求。在接下来的章节里所介绍的建筑作品都是从新一代银行建筑中精选出来的，入选标准不仅要看其是否能代表新近的建筑趋势，同时还要考评它所运用的具体建筑手段。

　　德国国民银行（也称博尔肯国民银行）成立于1904年，是德国第一批最早使用电子信息系统的银行之一。它于1969年创建了电子信息化系统，并于1984年起实现网络化运营，由此重新成为银行业应用新技术的先驱。在经历过20世纪九十年代与当地几家储蓄所的合并后，它于2005年与科斯费尔德国民银行（Coesfeld Volksbank）合并，由此更名为西明斯特VR银行（VR-Bank Westmünsterland）。作为一家地方储蓄所，博尔肯国民银行以促进地方经济发展为宗旨，与其他机构积极展开合作以创建基金会，推动威斯特法伦（Westfalia）地区社会与文化的发展。博尔肯国民银行为其客户提供个性化的服务，也为企业家提供支持，同时也是小型企业的战略合作者。它拥有20家分行，因作为地方体育事业的重要资助者而著称。

# 德国国民银行
# (Borkener Volksbank)

博尔肯 | 2000 年 | 波尔斯＋威尔森（Bolles+Wilson）

# 德国国民银行
# (Borkener Volksbank)
## 德国，博尔肯

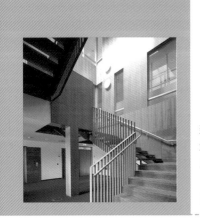

建筑设计｜波尔斯＋威尔森
竣工时间｜2000 年
总面积｜7000m²

图片｜克里斯蒂安 瑞特斯（Christian Richters）

作为博尔肯当地一家运营高效的小型银行，德国国民银行的新总部大楼设计由竞赛的胜出者波尔斯＋威尔森工作室主持。该工作室于 1980 年成立于伦敦，现办公地点位于德国，是德国享有国际知名度的建筑工作室之一，其设计注重理论与实用的兼容并包。

网络虚拟银行的实施不仅重塑了货币交易的本质，也改变了实体银行的外在形象。建筑师们从这些功能的变化和客户需求出发，提出了一个简洁且高效的方案。银行希望它的建筑形象是开放透明的，并要考虑到金融实体所必需的私密性。这两个表面看来矛盾的目标事实上也为建筑师提出了诸多挑战。解决方案从建筑设计开始阶段便体现了出来。

银行地处一个杂乱的城市街区，与超市、居民楼比邻而居，且周边交通繁忙，银行大楼由于其形式的简单而凸显于其中。楼体呈规则矩形，地上 4 层，地下 1 层。结构形式采用了传统的混凝土梁柱体系。建筑材料则在很大程度上赋予了建筑所追求的气质和氛围。在通透的公共区域的上方，悬有一个巨大的深色实体，其中包括管理人员办公室、会议室和报告厅。从建筑侧立面外向内看去，上方实体与下方空间相互穿插，形成如七巧板般的几何构图。建筑由此形成了虚与实、开放与私密的视觉对比。

银行入口开在建筑面朝大街的一侧，由 3 层高的玻璃幕墙构成。一进入银行宽阔的大厅，平坦的顶棚便压低了下来，人们的视觉便很容易集中到位于大厅中央的楼梯上。这也是整个建筑设计中最富张力的地方之一：楼梯从底层弯折向上直至顶层，整个空间均得以沐浴在

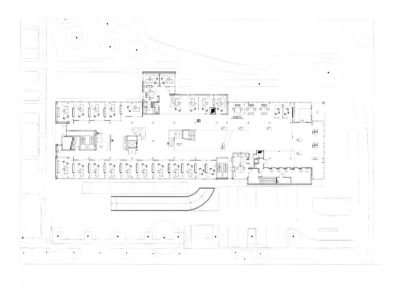

首层平面

建筑体块所具有的简洁几何美在银行内部的办公陈设中主要通过这些自助服务终端机体现出来。

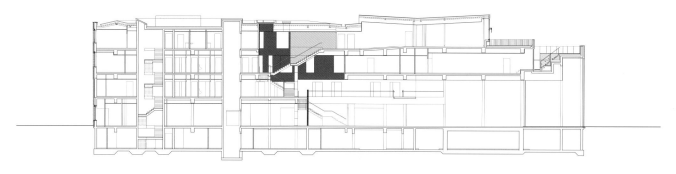

纵剖面

楼梯透视图

自然光之下，楼梯间内的原木饰面令人联想起传统的银行装饰。作为建筑的交通核心，电梯和服务区也位于其中，办公区则围绕这一中央楼梯依次排布开来。其上是办公室和对私密性要求较高的各类会议室等，屋顶则有一个视野极佳的咖啡厅。

银行提供的服务绝大部分是自助的，正因如此，在银行内部开阔、连贯的空间中，一台台自助服务终端机就显得尤为重要。这些机器所在区域连同入口处为 24 小时对外开放，一个 6m 高的可滑动玻璃屏风将其和大厅其余空间分隔开来。中央楼梯处有一根两层楼高的光柱照亮着整个楼梯区域，寓意金钱的本质既是物质的又如同光一般稍纵即逝。另一棵荧光柱则位于入口凹进处，支撑着悬挑出来的屋顶，构成了博尔肯城市环境中一处具有识别性的景观。

公共区域内景透视图

　　秘鲁国际银行始建于1897年，在早期发展阶段就已明显表现出对银行和金融领域的双重兴趣。那时期，秘鲁国际银行只在利马的老城中心拥有唯一一家分行，而如今银行的发展规模恐怕是当时的银行领导们所不敢想象的。随着扩张策略的实施，秘鲁国际银行于20世纪70年代收购了秘鲁国家银行的部分资本，1994年美国一财团又大举买进了秘鲁国际银行的大部分股权。从此以后，该银行更名为秘鲁国际银行集团，并蜕变为金融市场中最重要的银行之一。更名之后，为了进一步促进其对外形象的改革，银行内部的结构调整和不断的对外扩张也随之而来。这一过程在新总部大楼建设的推动下达到了顶峰，其委托设计方为建筑师汉斯·霍莱因。秘鲁国际银行集团的这一新总部大楼如同先锋一般，带动了利马整个圣·伊西德罗金融区的发展，这傲然耸立的90m高的巨塔成功地重塑了秘鲁国际银行集团的国际形象。

# 秘鲁国际银行集团
# （Interbank）

利马｜2001 年｜汉斯·霍莱因（Hans Hollein）▮

# 秘鲁国际银行集团
# （Interbank）

## 利马，秘鲁

建筑设计 | 汉斯 霍莱因
竣工时间 | 2001 年
总面积 | 45300m²

图片 | 克里斯蒂安 瑞特斯

# 秘鲁国际银行集团／利马

汉斯·霍莱因

著名的秘鲁国际银行集团总部位于秘鲁首都利马，由知名建筑师汉斯·霍莱因设计。霍莱因凭借这个备受瞩目的项目于1996年获得国际设计竞赛第一名，为这名曾荣获包括普利策克建筑奖在内的建筑师再添殊荣。银行总部大楼高90m，矗立于圣伊西德罗地区两条交通要道的交汇处，它的诞生令这一新兴的金融中心价值倍增。

该建筑由两个体块组成，其中包括办公区、一座可容纳300人的带有宽敞休息室的报告厅、一个入口大厅以及该银行的一家分行。这两个体块均建于一座五层高的地下基座之上，基座部分主要用于停车和设备服务区。

汉斯·霍莱因在设计该楼时所采用的一个重要标准是：将一种结构形式安插在一个有着显著特点的城市形态之中。然而，矛盾之处在于：一方面，毗连街区的网格式城市布局早已是既定的事实，而另一方面，在银行地块所处路口面朝哈维·普拉多大街的方向上有一堵向外弯曲的挡土墙。这一难题的解决得益于一个复合结构体的提出，即：一侧是一栋如风帆一般稍稍倾斜的高楼，另一侧则是一座仅有26m高的体块，这个低矮的体块与其对面街区的办公楼群从体量到形状都相得益彰。

这个建筑的复杂性主要体现在那座高楼上，由于其形体没有通常意义上的"前脸"与"后身"，从两条道路的交汇处看到的就是它的"主立面"。从南面看去，首先是一个由巨大的安第斯岩石构筑成的基座，十分宏伟，其灵感来源于伟大印加帝国的建筑。在这个基座之上，竖立起一个由钛金属管构成的巨大屏风，此外，基座上方（即与地面水平的位置）还有一处开阔的露天区域。

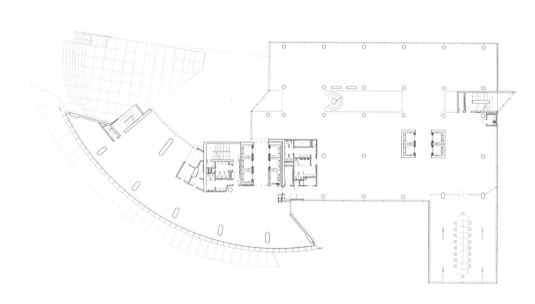

**首层平面**

设计草图

秘鲁国际银行集团 (Interbank) | 21

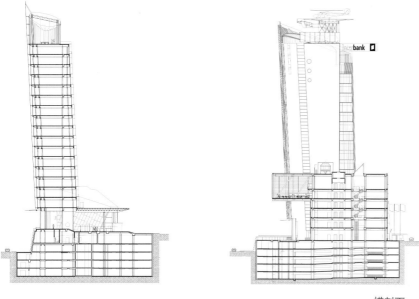

横剖面

钛管屏后面便是高楼楼体。整个高楼稍稍向前倾斜，赋予这个单纯优美的形体以一种动感的视觉冲击力。

　　高楼的内部构造比较复杂，而矮楼则相对单一，平面布局以矩形为主。四周墙体由 U 型玻璃层叠而成，玻璃形成的横向纹理在透与半透之间流露出韵律的美。楼体朝南悬挑出的部分是交易大厅所在的地方，这个交易大厅每周 7 天、每天 24 小时不间断营业。高楼部分的另一个主要功能是为银行员工提供有着优美景观的办公区。会议室和领导办公室被安排在第十九层和第二十层，由此可以领略利马蔚为壮观的城市景观，这样的布局同时也便于银行高层人员可以迅速方便地到达楼顶的直升机停机坪。

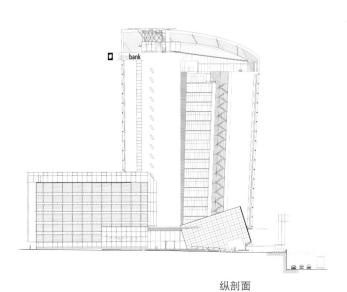

纵剖面

当 1892 年安达露西亚地区的多家商贸机构纷纷组建之时，格拉纳达储蓄银行也宣告成立。随着格拉纳达城市的快速发展，这家地方银行凭借着推陈出新的金融改革方案、高科技以及自己在金融领域的显赫地位开始了它的繁荣发展之路，直至今日。1947 年，格拉纳达储蓄银行开始实行重要扩张，建立多家分行。那时，它所拥有的分行数量理论上不超过 20 余家，但随着战略计划的逐渐落实，它在西班牙的分行数量已超过 150 家。格拉纳达储蓄银行在西班牙经济和社会领域的诸多作为和善举使其具备了良好的声誉，这也为 2001 年银行新总部的建立奠定了基础，而这在当地是史无前例的。新总部大楼的建筑师是阿尔贝托·坎波·巴埃萨，他所设计的这个宏伟壮观的建筑形只影单地伫立在蓝田白云之下，独自诉说着自己的前世今生。

# 格拉纳达储蓄银行
# (Caja de Granada)

格拉纳达 | 2001 年 | 阿尔贝托·坎波·巴埃萨 (Alberto Campo Baeza)

# 格拉纳达储蓄银行
# (Caja de Granada)

## 格拉纳达,西班牙

建筑设计 | 阿尔贝托 坎波 巴埃萨
竣工时间 | 2001 年
总面积 | 40000m$^2$

图片 | 罗兰 哈贝 (Roland Halbe) / 亚瑟 (Artur)

# 格拉纳达储蓄银行／格拉纳达

阿尔贝托·坎波·巴埃萨

格拉纳达储蓄银行作为格拉纳达最重要的银行，其新总部位于格拉纳达市阿尔米亚大街上。该建筑已成为城市新城区的一个重要地标。阿尔贝托·坎波·巴埃萨作为此项目的建筑师，因善于在建筑设计中运用光而闻名于世。格拉纳达储蓄银行本身就是一个集功能性、美学和简洁形式为一体的完美结合体。坎波·巴埃萨在这个设计中所追求的正是利用光这一首要元素将银行形象清晰地勾勒出来。

在利用地块高差所建立起的平台之上，蹲坐着一个立方体。平台之中容纳有停车库和数据处理中心。出于光线设计的考虑，钢筋混凝土的立方体构建在边长 3m 的等边网格结构之上，而这恰恰能够满足建筑师对光线的要求，从而达到预期的光影效果。建筑朝南的两个立面在形式处理上具有百叶的效果，为开敞办公区照明的同时还可以对光线进行调节。而朝北的两个立面所接纳的光线则具有这个方向所固有的特点，可以为独立办公区提供更加均匀且连贯的自然照明，同时借助玻璃与石材的运用，与外界隔离开来。

建筑内部的中心庭院（未完待续）

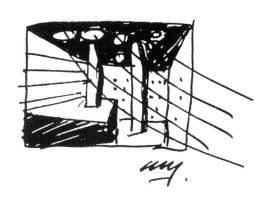

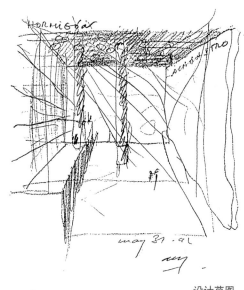

设计草图

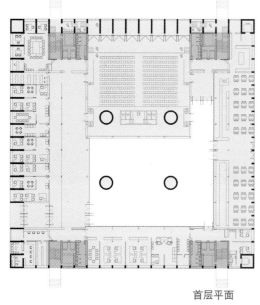

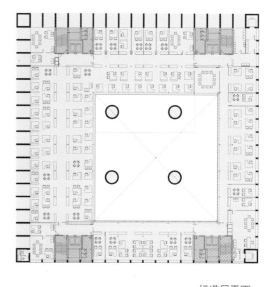

首层平面 标准层平面

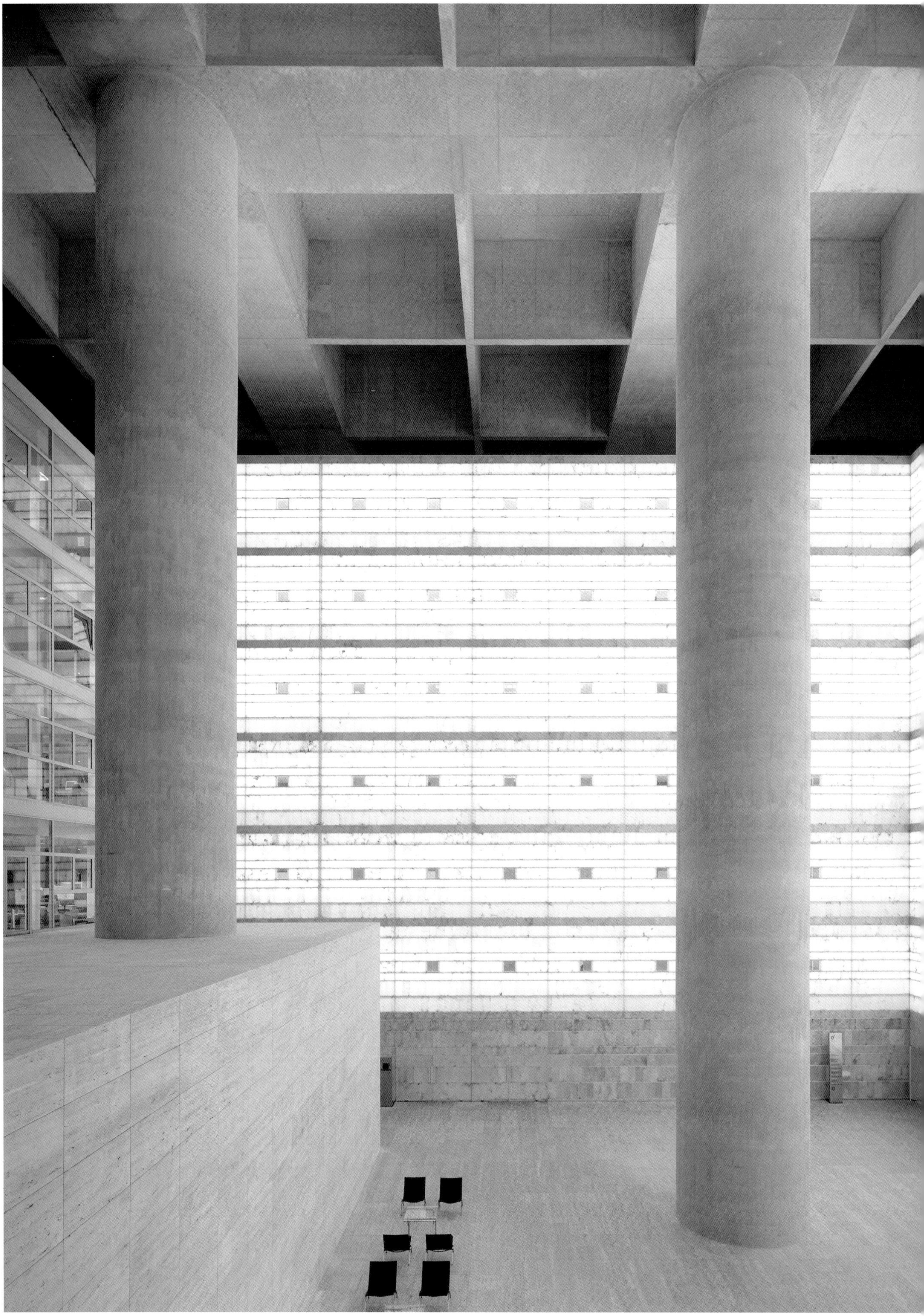

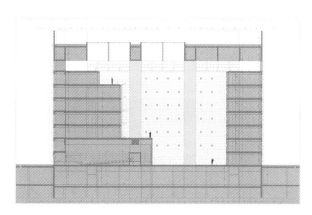

总剖面图

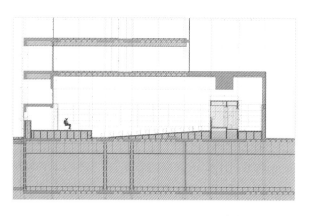

多功能厅剖面图

荷兰国际集团于 1991 年由尼德兰国家保险公司（Nationale-Nederlanden）与 NMB 邮政银行（NMB Postbank）合并而成，其前身最早可追溯至 1845 年。它那特点鲜明的狮子标识便是在其前身公司的标志基础之上，经过现代化的设计再创造而成。如今，荷兰国际集团是一家在全世界 50 余个国家有着 6000 万客户的国际金融集团，它的标识早已跻身于世界最知名公司的行列之中。该集团共计拥有员工 12 万人，分别为各大行业设计并提供金融与保险产品。现阶段集团业绩的增长主要集中在新兴市场与自助银行服务等领域。此外，它还拥有一项庞大的资助计划，旨在为教育活动提供支持，并促进艺术与体育的推广。

荷兰国际集团
（ING）

阿姆斯特丹 | 2002 年 | 迈耶与范·斯库特建筑事务所（Meyer en Van Schooten）
布达佩斯 | 2004 年 | 埃里克·范·埃格拉特联合建筑师事务所（EEA）

荷兰国际集团
（ING）

阿姆斯特丹，荷兰

建筑设计｜迈耶与范 斯库特建筑事务所
竣工时间｜2002 年
总面积｜20000m²

图片｜克里斯蒂安 瑞特斯

# 荷兰国际集团／阿姆斯特丹

迈耶与范·斯库特建筑事务所

　　荷兰国际集团新全球总部的设计与其庞大的且充满活力的现代化国际形象相得益彰。迈耶与范·斯库特建筑事务所的方案设计从创新和透明两个概念出发，突出了荷兰国际集团作为世界十大金融巨头之一的身份特征。总部大楼位于阿姆斯特丹郊外的纽维·米尔湖（Nieuwe Meer）与一个高层住宅小区之间。该地块的位置在整个建筑设计中起到了决定性的作用。建筑师构想了一个建筑，用来充当两个区域之间的过渡。由于毗邻高速公路，设计本身还需要考虑噪声、污染物排放、视线等因素。整个建筑竖立在 9～12m 的 V 型柱之上，建筑入口大厅则全部由玻璃构成。

　　荷兰国际集团总部由于其所处的地理位置和其独具特色的横长形式成为阿姆斯特丹新的城市地标。从外部

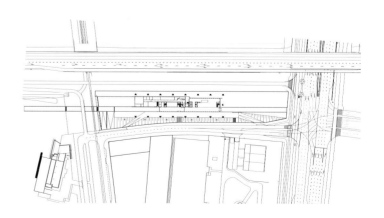

总平面图

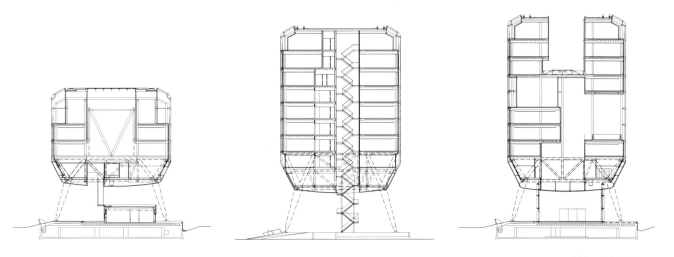

横剖面的演进

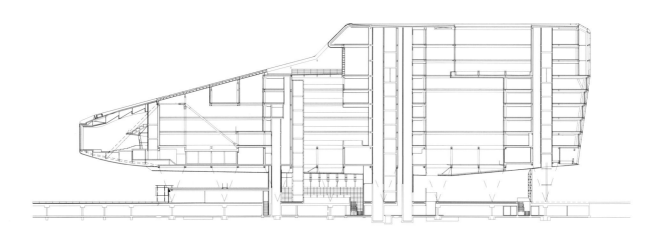

纵剖面图

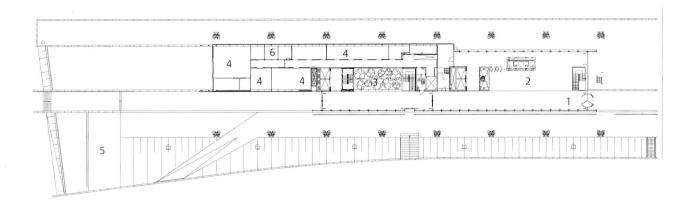

首层平面

1. 主入口
2. 前台
3. 花园
4. 办公区
5. 车库入口
6. 仓库
7. 开敞办公区
8. 前厅
9. 花园
10. 报告厅
11. 会议室
12. 厨房

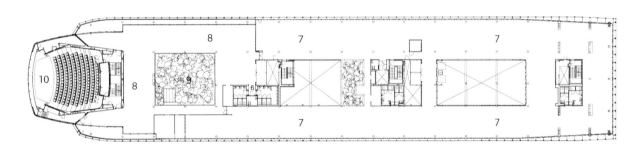

三层平面

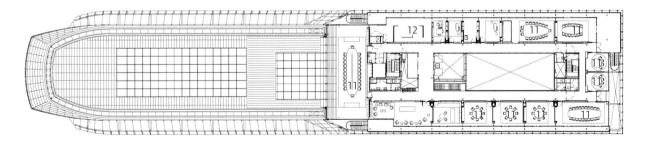

十层平面

看去，整个建筑不禁使人联想起一列高速火车、荷兰国际集团的狮子标识、甚至是一座太空空间站。由双层玻璃和铝板构成的立面更是强调了这种未来主义的建筑特征。建筑的下半部分向外悬挑出去，朝着纽维·米尔湖的一波碧绿延伸过去，而悬挑部位正是主报告厅的所在。与此同时，建筑上部分是办公区，从尺度上与周边的住宅建筑建立起联系。

建筑内部空间流畅而生动，远非功能楼层的简单叠加。开敞空间与封闭区域在水平和垂直两个方向交错变换。主要的公共空间如餐厅、会议室和报告厅与建筑内最受保护的区域以及过度区域穿插在一起。从公共空间向外望去，视野非常开阔，景观令人印象深刻。

办公区域中只有一小部分安排有传统形式的工位，其余空间可以根据未来的需要再进行分隔。与建筑外部不同的是，建筑内部所使用的材料大多是质地温暖的，如石灰石、地毯、抛光钢与木头。

该建筑一个突出特点在于它的智能化气候调节系统。双层幕墙既可以实现办公室的自然通风，又能隔绝室外的噪声。空气循环系统和与通风设施相连的含水层的使用，对于整个建筑能耗的降低起着十分关键的作用。如果建筑内某一区域的窗户被打开，该区域内的自动温度调节设施便会停止工作，这一实例很好地表明了该建筑的节能特性。

作为一个里程碑式的杰出建筑作品，它的高效和易识别性体现并传递了荷兰国际集团的各种价值观。

荷兰国际集团
(ING)

# 布达佩斯，匈牙利

建筑设计丨埃里克 范 埃格拉特联合建筑师事务所 (EEA)
竣工时间丨2004 年
总面积丨41000m²

图片丨克里斯蒂安 瑞特斯

# 荷兰国际集团／布达佩斯

埃里克·范·埃格拉特联合建筑师事务所

荷兰国际集团位于匈牙利首都的新大楼坐落在英雄广场边上，毗邻城市最大的公园——城市花园（Városliget），像美术馆、植物园、艺术宫和一些传统的温泉浴场均位于这一公园内。无论是英雄广场还是城市花园均是 19 世纪末期布达佩斯最重要的城市建设项目的成果。整个地区为庆祝匈牙利帝国成立千年而建，占地面积达 1km²。尽管该地区并非传统的办公商业区，荷兰国际集团看重的是在这一地区建设具有城市标志性建筑的机会，因而购得了这一地块。此外，该地区厚重的历史氛围和公园景观也一并促成了这一决定。

荷兰国际集团希望建造一个高品质的办公楼，建筑要富有创新性且功能性强。建筑在构思时旨在成为沟通历史建筑与 21 世纪新建筑的桥梁，设计灵感来源于其所在街区 19 世纪的大型楼群以及一处建于 20 世纪 50 年代的宏伟的现代主义建筑群，后者的修复改造设计由埃里克·范·埃格拉特联合建筑师事务所于早年间完成。

新大楼共计 41000m²，有一个 3 层地下车库。首层除银行营业厅外，还有一家餐厅。其上为办公区，共计 6 层，其中第七层除一间会议厅外，埃里克·范·埃格拉特联合建筑师事务所的办公室也坐落于此。整个建筑由三个实体体块和两个透明空间连接组成。横贯外立面上的细长不锈钢构件将这几个体块联系在一起。由于在立面上采取了轻微的弯折处理，阳光照在其上形成了包括对比、闪烁、反射、透明等瞬息万变的视觉效果。建筑外部的动感通过一个入口大厅传递到建筑内部：明亮的空间由倾斜的半透明的玻璃幕墙构成，并将建筑各个楼层联系在一起。金属板与玻璃幕的穿插使用强化了大厅的三维

设计草图

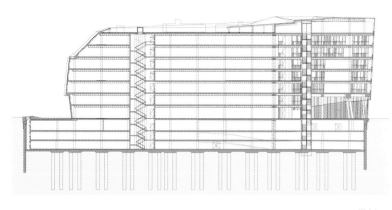

纵剖面

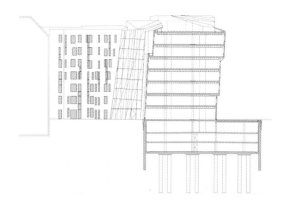

横剖面

空间感。建筑上的细节处理，尤其是在五金工艺、精工工艺和材料的交接处理上，均体现了建筑师对城市传统建筑的关照。横亘在大厅上空的连接步道被设计为人与人之间的互动空间，它们可以用来充当会议室、讲演室甚至是茶歇小憩的空间。而另一方面，办公楼层的平面布局则以功能至上，严格遵循着空间效率最大化的几何法则。不同尺寸的窗洞呼应着建筑立面的节奏，为这个不苟言笑的理性主义建筑平添了活跃的氛围。

　　这个崭新的建筑最终将客户的商业需求与这一地区的历史文脉和建筑肌理成功地协调在一起，与此同时赋予其所在城市全新的面貌，令人刮目相看。那充满活力和表现力的立面构成了整个建筑最核心的吸引力，象征着布达佩斯建筑新时代的到来。

1. 入口大厅
2. 电梯间
3. 咖啡厅
4. 银行接待厅
5. 等候区
6. 办公区
7. 会议室
8. 设备间
9. 露台

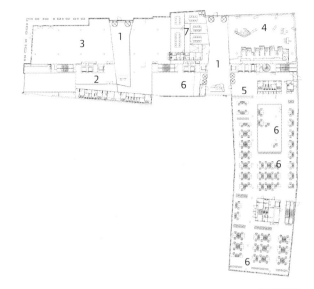

首层平面

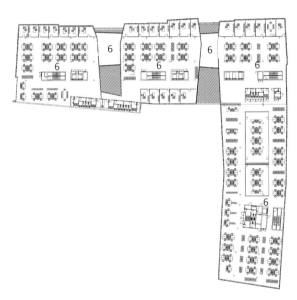

二层平面

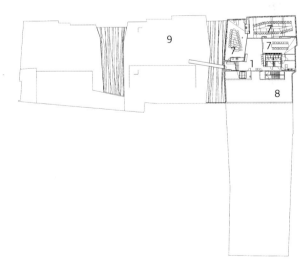

七层平面

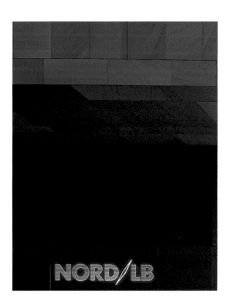

　　北德州立银行是德国十家最重要的银行之一。它的特殊性在于它不仅是萨克森两个联邦州的州立银行,还是德国北部65家银行的中央银行。与此同时,北德州立银行是德国国家债券的主要发行机构,客户包括私人、机构和政府公共部门。银行的宗旨在于为萨克森地区的经济发展提供支持,业务方面擅长于动产、不动产、与农业相关领域的投资以及航天航空业的融资。北德州立银行于1970年在萨克森地区四大传统银行合并的基础上宣告成立,这四大银行中历史最悠久的一家可以追溯至1765年。从创立之日起,北德州立银行的服务领域逐步拓宽,地域范围也日益增大。1985年它在伦敦开设了第一家国际分行,并从此加快了国际化步伐,尤其是在东欧、斯堪的纳维亚国家以及波罗的海地区。

# 北德州立银行
# （Nord/LB）

汉诺威｜2002 年｜贝尼奇建筑事务所（Behnisch Architekten）▪
马德格堡｜2002 年｜波尔斯＋威尔森（Bolles+Wilson）▪

# 北德州立银行
# （Nord/LB）

## 汉诺威，德国

建筑设计 | 贝尼奇建筑事务所
竣工时间 | 2002 年
总面积 | 80000m²

图片 | 罗兰 哈贝／亚瑟

# 北德州立银行／汉诺威

贝尼奇建筑事务所

北德州立银行位于汉诺威的新总部大楼由在公开招标中胜出的贝尼奇建筑事务所设计。银行位于城市南边界上，占据一整块街区。整个建筑群包含有一组底商和由底商围合出的一个中央庭院，底商商户有餐厅、商店、咖啡厅和一家画廊。中央庭院是整个建筑群的中心，也是高密度城市空间与绿色植被区域之间的过渡地带。整个建筑通过若干开敞空间将商业区和城市住宅区沟通起来，成为城市中一个重要的参照物。

这个建筑从视觉上可以分为两个部分。为了与所在区域的建筑物平均高度相协调，银行建筑朝向街道的部分由一圈4～6层高的矩形体块构成。从矩形体块后面耸立起一座高塔，高塔通过中央庭院和一系列半空中走廊与周围的矩形楼体相连。高塔的形体棱角分明，极具几何张力，与汉诺威老城区的城市肌理遥相呼应。在四周低矮的楼体之上，高塔的东北角腾空而出，经层层叠叠地折转之后又回归到中央庭院的怀抱中，仿佛一把展开的折扇；与此同时，高塔的高层部分频频伸出头来，用无数宽阔的露台建立起与城市、与建筑中心的视觉联系。钢与玻璃是整个建筑的主要建筑材料。玻璃幕墙外还有一层金属饰面，光与色彩的变化由此展开。白天，根据太阳光的变化，建筑也随之变幻着色彩；夜晚，LED灯的照射令整个建筑更加多姿多彩。

这个银行建筑的出色之处不仅在于其丰富的几何形体与体量，也在于它所采用的高科技。建筑中的绝大部

总平面

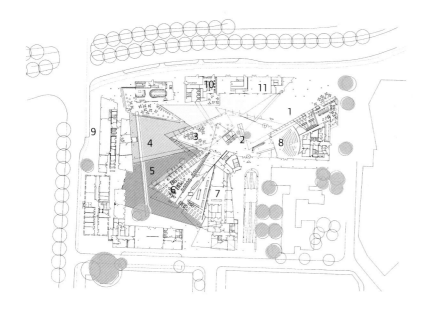

首层平面

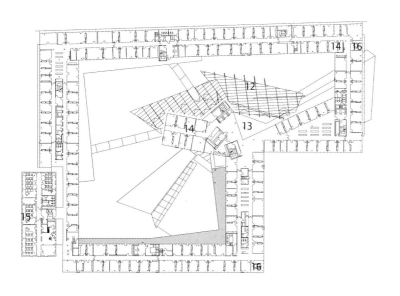

三层平面

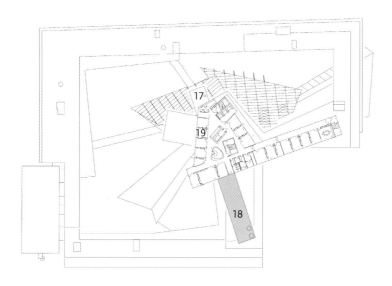

八层平面

1. 主入口
2. 大堂
3. 咖啡厅
4. 水池
5. 露台
6. 餐厅
7. 厨房
8. 讲坛
9. 画廊
10. 咖啡厅
11. 商店
12. 入口大厅
13. 画廊
14. 社交区
15. 培训区
16. 会议室
17. 露台
18. 花园
19. 社交区

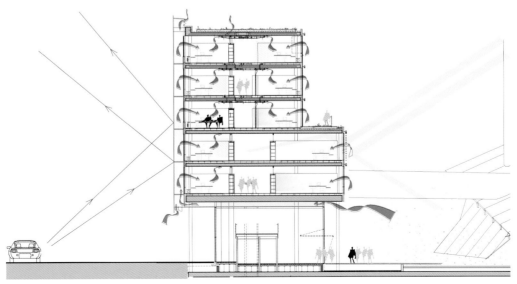

气候控制图解

位于建筑中央庭院的水池很好地衬托了建筑独特的几何形体，并有助于改善整个建筑的气候调节系统

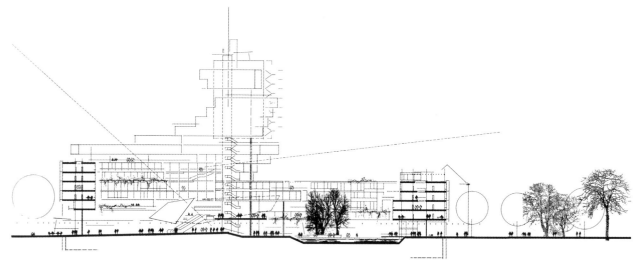

剖面

分空间均采用自然通风；室内，所有建筑要素的考虑也取决于能耗的要求。整个建筑气候调节系统是主动且高效的，最优温度的获得依靠的是楼板中冷热水的循环而非其他耗能设施。尽管高塔暴露在诸如风荷载、太阳辐射与雨水侵蚀等各种气候条件下，四周楼体则有着双层玻璃幕墙的保护。双层幕墙可以隔离室外的噪声和污染排放物，同时还能充当通风管道，将中央庭院的新鲜空气输送到四周的办公室中去。庭院内的一池碧水可以反射光线，由此增加了建筑的自然采光，并且为建筑创造了一个恒定的小气候。就庭院自身而言，绿色植被和花园不仅可以改善空气质量，还可以收集雨水用于植物灌溉，甚至是用来满足建筑内部自身的一些需求。

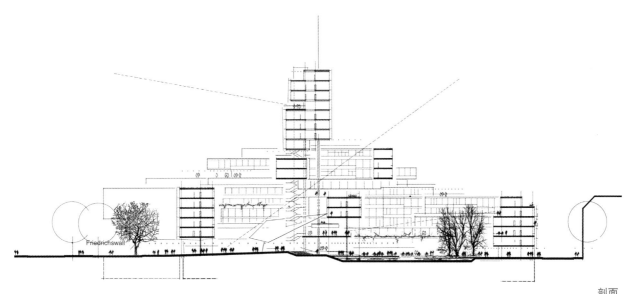

剖面

# 北德州立银行
# (Nord/LB)

## 马德格堡，德国

建筑设计 | 波尔斯+威尔森
竣工时间 | 2002 年
总面积 | 48000m²

图片 | 克里斯蒂安 瑞特斯

马德格堡是欧洲中世纪最重要的城市之一，曾于第二次世界大战期间被损毁殆尽。经过战后重建和柏林墙的倒塌之后，一项旨在复兴城市的计划从市中心开始付诸实施。该项计划包括了商业中心的建立、饭店以及办公楼的兴建。然而，自由市场最初的欢欣鼓舞受到失业以及随之而来的人口流失的影响。在这种状况下，波尔斯＋威尔森的所设计的建筑代表的是作为德国最大银行之一的北德州立银行对马德格堡未来城市发展的坚定信心和矢志不渝的承诺。

波尔斯＋威尔森所面对的项目位于城市广场的西侧，包括北德州立银行大楼和地方商会大楼两个建筑。项目所在地"大教堂广场"（Domplatz）因其丰厚的历史底蕴与建筑遗产而著称，这一特点使得波尔斯＋威尔森的设计干预必须百分之百尊重周边环境。德国最古老的哥特大教堂便坐落在这个广场中，旁边还有以新巴洛克风格重建的议会大楼和萨克森－安哈特州政府大楼。仅凭以上现状条件恐怕不难理解建筑师们所面临的挑战是多么巨大。

另外，这个建筑的大致形体也是固定好的：精准的长方形在上一轮设计竞赛中便被确定下来。整个建筑由两个体块组成，一个两层的地下停车场将它们连接在一起。建筑高20m，立面上设计有横向的玻璃带，与近旁的议会大楼的立面构图相呼应。建筑师们试图赋予这个建筑以一种厚重感，一方面可以与周边敦实的建筑相契合，另一方面也体现出银行的实力和整体性。在现有的建造体系之上，一种仅2cm厚的巴西"马卡乌巴蓝"花岗石饰面材料可以凸显这种建筑形象。在外墙饰面的设计上，高度在33cm和159cm之间的石条与石板混合排布在一起，"马卡乌巴蓝"的色泽从灰到粉，再从粉到蓝，使得整个建筑外墙在光线的变化下呈现出和谐之美。于

总平面

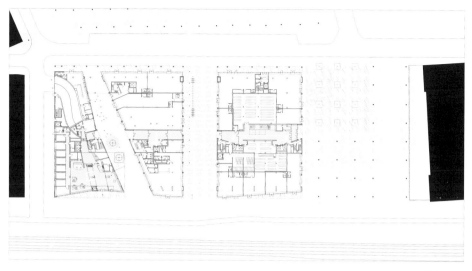

首层平面

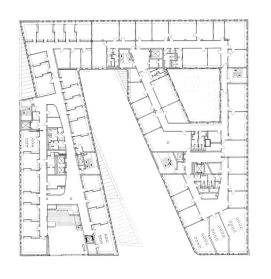
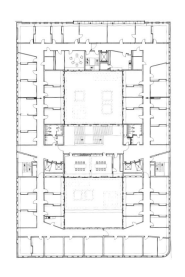

二层平面

是，不禁令人想起那伫立在一旁有着 800 多年历史的大教堂和它那早已自然老化的石头。

　　建筑的内部设计从大堂、公众接待区、会议室和报告厅等最重要的空间开始。首先，建筑师们先为这些主要空间量好体裁好衣，以便之后以这些空间为中心将办公工位集合在一张巨大的六角形网格中进行排布。办公室中的隔墙到达距外墙 60cm 处，距顶棚 60cm 处，中间的缺空部分由玻璃填充。于是，建筑内部空间保持了视觉上的连贯性，员工的工位在彼此独立的同时还创造出一个更加宽敞的公共空间。在大堂和楼梯等主要交通区域，铺地用的绿色石材向上翻卷至墙壁，与白色的墙体形成对比。

　　最终落成的建筑作品将历史元素与当代建筑语汇成功融合在了一起，成为马德格堡新的城市地标。

公众接待区透视图

会议室透视图

在丹麦中央银行等几家国内银行、各大保险公司以及工业联合会的共同倡议下，丹麦工业银行于1958年成立，其宗旨在于为丹麦工业的发展提供中长期的融资服务，而丹麦工业是支撑整个丹麦经济发展的重要动因。丹麦工业银行从成立伊始便不断为丹麦的重要企业提供咨询服务，也就是说它不仅为企业提供可以负担得起的贷款以支持企业的发展，还主动为其提供工业领域内的专业金融咨询服务。开始于20世纪50年代，历经近半个世纪的长期繁荣后，丹麦工业银行于2002年迎来了自己崭新的时代——由3XN建筑事务所受托设计的位于哥本哈根的银行中央总部大楼正式落成。这个形象稳健、形体简洁的建筑以无可匹敌的手法成功传达了丹麦工业银行的企业哲学。

# 丹麦工业银行（FIH）

## （FIH）

哥本哈根｜2002 年｜3XN

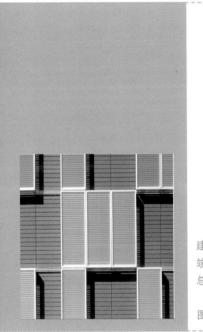

# 丹麦工业银行
# 中央总部大楼（FIH）

## 哥本哈根，丹麦

建筑设计 | 3XN
竣工时间 | 2002 年
总面积 | 12000m²

图片 | 亚当 莫克（Adam Mørk）

# 丹麦工业银行中央总部大楼／哥本哈根

3XN

丹麦工业银行期望它的新办公大楼是一个线条简单、形体有力并富有表现力的建筑。为了实现预期效果，建筑师们必须在恪守当地规范条款的同时，赋予建筑一些与众不同的特色。当地规范所追求的是将区域内的建筑物与达赫茹普仓库（Dahlerups）这个邻近的著名建筑协调起来。为此，兰格里尼（Langelinie）码头的所有新建建筑必须具备相同的固定体量，并采用与达赫茹普仓库相近的建筑材料。

丹麦工业银行总部大楼的体积与达赫茹普仓库的体积是一样的，但前者拥有更充足的采光，更加透明，四面向外全部敞开，风格上更显当代风范。新总部大楼采用了与老仓库相近的棕红色砖，但却是以陶土板的形式外挂于建筑外墙上的。

建筑外墙做法分为里外两层，内层是交错排列的玻璃幕与红色陶土板，外层是铝制的百叶窗。百叶窗由实心窗框和可调节的横向铝条构成。白天，横向调节铝条将百叶打开，室外的景色得以一览无余；天气不好的时候，百叶窗可以关闭并滑动至陶土板前。

建筑的立面呈现出不定型和偶然性，尤其当外墙上的百叶窗可以被建筑的使用者随意调节时。即便当百叶窗完全紧闭的时候，建筑的窗户仍然可以打开以实现通风。于是，银行附近的居民和路过的行人在每年不同的时期和天气状况下，总可以领略到同一建筑的不同风貌。

一个跨度25m的建筑可以用来做仓库，但对于办公建筑而言却不是一个顺理成章的选择。如何基于建筑内在条件解决采光与空气流通的问题成为摆在建筑师面前的一道难题。

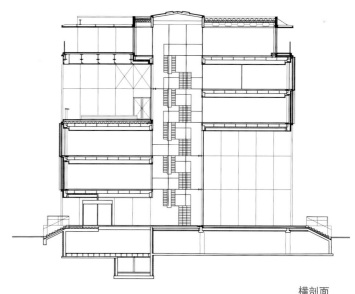

横剖面

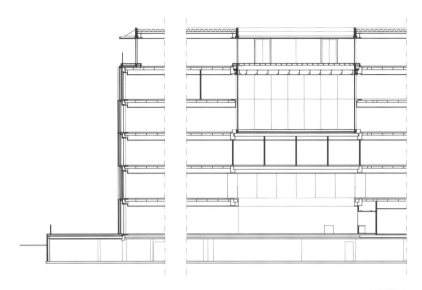

纵剖面

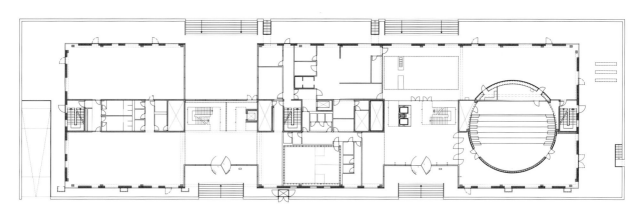

首层平面

最终的解决方案是在建筑的主体结构上开凿出一些较深的凹口，这样既能创造光源，又使建筑拥有了可用作入口和花园的空间。这些凹洞向内深至建筑的中轴线，向上则高达几层楼。与此同时，无论你是身处中央通道还是透明的电梯间内，向东可以欣赏到特雷克隆奈尔（Trekroner）堡垒的身影，向西则可以领略麦特莫勒（Midtermolen）码头的景色。

3XN建筑事务所邀请了照明设计专家斯蒂文·斯科特（Steven Scott）为丹麦工业银行总部大楼做照明整合设计。斯蒂文以三支荧光灯光为基础，创造出一种特殊的照明效果：电梯左右两侧各有一块条形板，条形板伴随着电梯的上下移动能够以60秒为周期变幻出各式各样的灯光组合。

三层平面

匡吉兰德储蓄银行创建于1829年，是丹麦最主要的金融机构之一。在丹麦，大多数的储蓄银行规模都比较小，习惯奉行地域性的企业哲学，为地方小型企业提供能力之内的贷款和资助。尽管匡吉兰德储蓄银行也遵循着这样一种哲学，但经过一个多世纪的成长，如今它已是在丹麦拥有22家分行的银行。这一数字放在丹麦这样的金融环境中来评估，可以说是成绩斐然，使匡吉兰德储蓄银行声名显赫。银行管理层从未想要改变匡吉兰德作为储蓄银行的身份，他们一直以来的要求和愿望都局限在有限的地域和社会范围内实现自身的成长。在这一目标的指引下，银行将其位于兰德斯的总部大楼委托给3XN建筑事务所设计。这一新建筑地处绿色的自然环境下，它那质朴、透明的材料与大自然一起为人们营造出一种亲密的且充满信任感的地方氛围。

# 匡吉兰德储蓄银行

# (Caja de Ahorros Kronjylland)

兰德斯｜2002 年｜3XN

# 匡吉兰德储蓄银行
## （Kronjylland）
### 兰德斯，丹麦

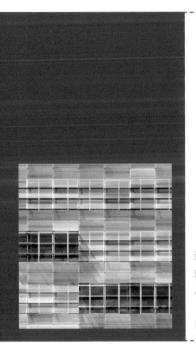

建筑设计 | 3XN
竣工时间 | 2002 年
总面积 | 7600m²

图片 | 亚当 莫克

匡吉兰德储蓄银行的新总部坐落在兰德斯市古德纳(Gudena)河河畔，古德纳河是丹麦境内最长的河流。新总部大楼形体纯粹、细节丰富，伫立在河畔的草地之上，已然成为兰德斯新的城市地标。由于雄心壮志的设计标准得以贯彻，银行新总部大楼成为这个拥有着花园景观和稀少建筑物的场所中第一个拔地而起的建筑作品。

该建筑包含三个元素：底座、玻璃和木头盒子。底座外层由深色的天然石材构成，清晰地界定了它所占据的区域。建筑首层向内推进，被一圈透明的玻璃幕墙所环绕，这种效果给人一种错觉，以为是一座3层高的玻璃房子悬浮在深色的底座之上。建筑首层功能包括前台和餐厅，此外接待访客的设施也位于首层。

办公区位于3层高的玻璃盒子中，与建筑外墙对置。建筑内部首先是一个挑空前厅，巨大的透明玻璃楼顶为其提自然采光；另有一个竖向空间，用来容纳设备用房。前厅对面有一座木质装置在地面和顶棚之间曲折攀附。

建筑外墙的最外面覆有一层带丝网印刷的玻璃板，玻璃板上面的宽条纹间距各不相同。玻璃板装在窗户外面，可以像透明百叶一样为建筑遮挡阳光；当然，它们也可以沿横轴翻转，从而使室外的景色得以一览无余。

木盒子作为这个建筑最后一个元素，其中容纳了三小间客人用房。这个木盒子位于建筑的入口区域，楔插在建筑底座和其上的玻璃房子之间，向外悬挑出8m，悬置于草地之上。

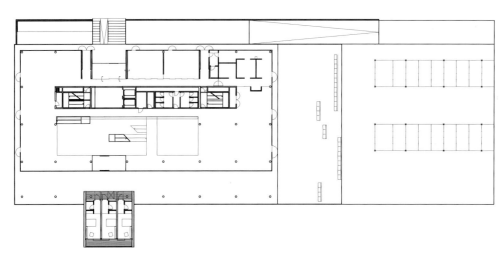

首层平面

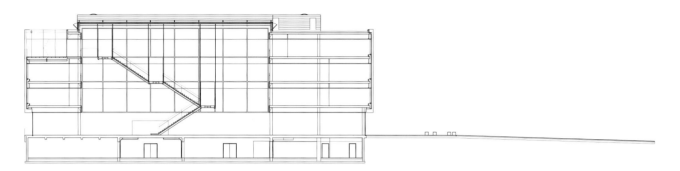

纵剖面

整个建筑被玻璃幕包裹起来，从而使得室内空间与建筑四周的风景融为一体。

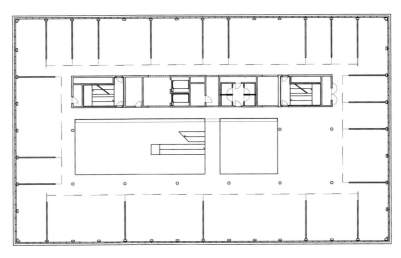

二层平面

Sampension 公司于 1999 年成立于丹麦。公司目标之一是要对劳动市场中的退休基金进行有效管理，目标二是要对丹麦经济体系中由于较低的管理成本而产生的盈余资金进行管理。鉴于可观的盈利水平和速度，Sampension 公司已在丹麦投资领域中占据重要角色。如今，它在丹麦拥有多家分公司，是推动丹麦经济发展不可或缺的力量。这些成就的取得主要有赖于对以下三类基金的运作管理：地方政府的退休基金、政府雇员基金和印刷业退休基金。Sampension 公司的迅猛发展主要基于其成立以来在基金管理上的突出业绩。它积极进取的经营理念，比如这座在哥本哈根 Tuborg Syd 的新总部大楼，强化了其蓬勃向上与稳健可靠的公司形象，而这也正是它得以安身立命的哲学所在。

# Sampension A/S 银行

哥本哈根｜2003 年｜3XN

# Sampension A/S 银行

## 哥本哈根，丹麦

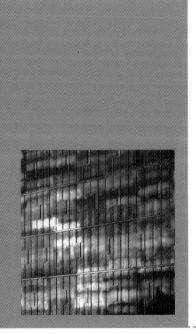

建筑设计 | 3XN
竣工时间 | 2003 年
总面积 | 9550m²

图片 | 亚当 莫克

Sampension 公司总部位于哥本哈根 Tuborg Syd 区，由 3XN 建筑事务所设计。位于哥本哈根的北港湾公寓与利物浦博物馆均是 3XN 之前的代表作。在这个项目中，建筑师们将整个建筑设计为两个体块：一个矩形筒和一个 L 形翼。从建筑内部看，这一筒一翼围绕着一个中央锥形空间展开，这个锥形空间通过楼顶获得采光，明亮而壮观。

L 形翼体块外墙为灰绿色花岗石，与矩形筒的铜制外表皮形成对比。建筑师们希望随着时间的流逝，花岗石的灰色可以逐渐变淡直至成为理想中的绿色花岗石。铜饰面呈一层楼高的窄条状排列，在大面积玻璃幕前面，发挥着百叶的功能。建筑由此可以在冬季低太阳角的情况下获得最佳的光照效果，与此同时也不会对观赏室外景观构成影响。

建筑的入口处位于玻璃幕墙立面的一角，为一扇向心式的旋转门。一层楼高的前厅有着近人的尺度，由此可以上到一个通往二层大厅的花岗石楼梯，楼梯呈椭圆形向上层层旋转直至屋顶。建筑首层有一家餐厅和一个会议中心，会议中心有出口可通往屋顶露台。整个建筑颜色轻快，赋予这个实体一种虚幻的表象。

最后提到的是一件由光纤做成的水装置艺术品，它所形成的透明纱雾从大厅上空垂落至会议室前方。光纤照射下的水滴落在前厅的水池中，呈现出千变万化的色彩。水在这里有着双重功效：一方面可以湿润室内的空气，同时嘀嗒嘀嗒的水流声可以消解咖啡吧中传出的刺耳噪声。

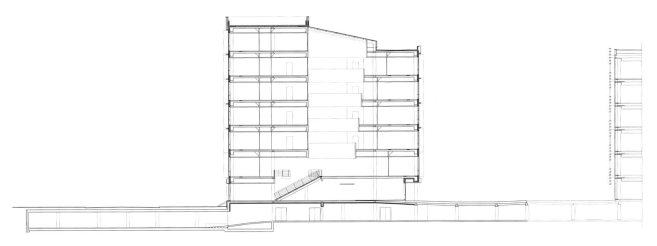

横剖面

建筑前厅的主要特点在于形式的简洁、材质的对比，光纤水装置在这个空间中尤为突出。

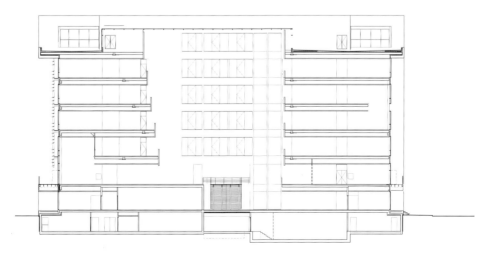

纵剖面

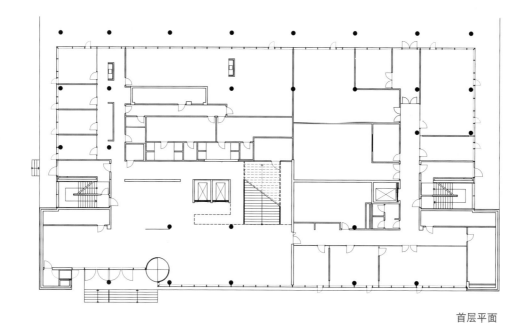

首层平面

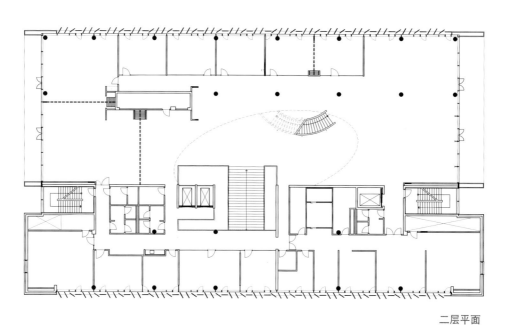

二层平面

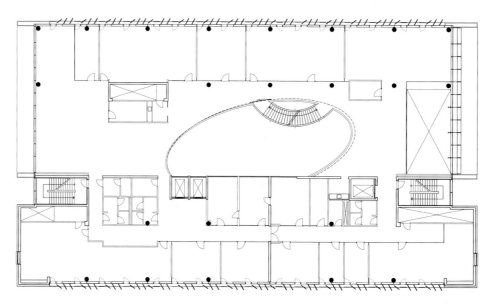

四层平面

　　总部位于列支敦士登公国的瓦杜兹中央银行，从 1920 年成立以来，一直跻身于投资风险回报率最高的金融机构之一。它对每一位客户的期望与偏好和每位客户的具体资产状况都给予特别的关注。透明与保密是瓦杜兹中央银行恪守的两大理念，这无疑也是确保其立于不败之地的前提。自成立伊始，尊重隐私便是该银行经营哲学的基础所在，而这一点只有在像列支敦士登或瑞士这样的避税天堂也可以实现。正因如此，瓦杜兹中央银行不仅在经济金融领域有所作为，对金融法律的完善也有所贡献，毕竟，法律是确保客户投资安全性的一个重要附加价值。

　　瓦杜兹中央银行的总部大楼设计最终选取了著名建筑师汉斯·霍莱因的方案，那是一个蕴涵着银行内在特征的卓越建筑，给人以通透和值得信赖的视觉感受。

# 中央银行
# （Centrum Bank）

瓦杜兹 | 2003 年 | 汉斯·霍莱因（Hans Hollein） ▮

# 中央银行
# （Centrum Bank）
## 瓦杜兹，列支敦士登

建筑设计｜汉斯 霍莱因
竣工年代｜2003 年
总面积｜5900m²

图片｜理查 布莱恩特（Richard Bryant）

# 中央银行／瓦杜兹

汉斯·霍莱因

在 1997 年举行的一次国际设计竞赛中，马可瑟
(Marxer) 基金会选中了奥地利建筑师汉斯·霍莱因的设
计作为瓦杜兹中央银行位于列支敦士登公国总部大楼的
建筑方案。汉斯·霍莱因作为其同时代最知名的建筑师，
还被选为这一项目的监管者。瓦杜兹中央银行由此成为
这个奥地利建筑师实践其〝既向上、又向下〞设计理念
的又一力作。

这个银行建筑有着常规的城市尺度，并试图在银行
的需求和其用户的需求之间建立起联系。受近旁山体的
启发，瓦杜兹中央银行的建筑形体仿佛是一个从大山中
抽离出来的石块，或是一个复杂的扭曲立方体，体块边
长大致为 25m。这个类似于一幅弓形雕塑作品的建筑，
外墙及屋顶均采用安德地区的绿色石英石，建筑内部也

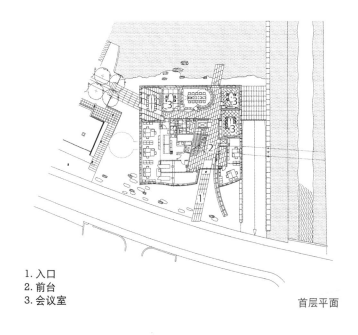

1. 入口
2. 前台
3. 会议室

首层平面

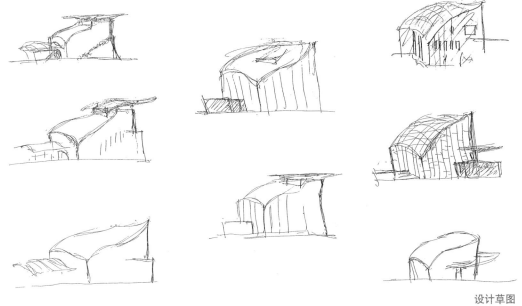

设计草图

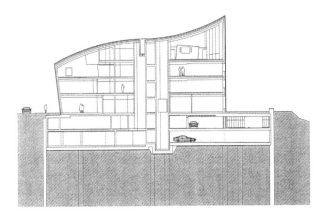

横剖面

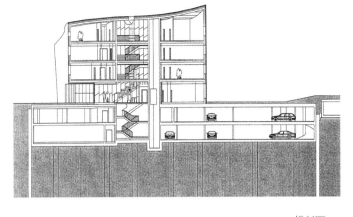

横剖面

大量使用了这种材料。尽管起初看上去这个建筑与其所处环境有些脱离，但借助所营造的景观，它与周边的建筑物联系起来并融为一体。于是，瓦杜兹中央银行大楼和谐地矗立在阿尔卑斯山的背景之下，体现着霍莱因建筑的一条基本宗旨：关系显现在空间与空间之间。

这个建筑的独特味道不仅在于内部空间与外部空间之间的微妙对接，更是由于像瓦杜兹中央银行这样个性鲜明的机构所隐含的诸多生理和心理需求。这些需求是一个以离岸业务为主的银行所特有的，在这里，它的80多名员工必须为了满足最苛刻用户的各种金融要求而努力。比如说环境与氛围就是汉斯·霍莱因在通盘考虑各种量化和不可量化的建筑因素时，两个必不可少的需求。

整个建筑面积大概为 5900m²，共有地上 4 层和地下 2 层（用作车库）。它还是一个节能环保的绿色建筑，使用的是通过位于地下 30m 深的磁极所产生的能量。建筑首层有前台接待处、柜员机和几个会议室。办公区、商务间以及咖啡厅均位于楼上。顶层是管理人员的办公室和一个用于研讨会、会议和公共活动的多功能区域。建筑的顶层空间由于屋顶向山体方向倾斜多达 7m，而与众不同。

第二次大战结束以后，德国需被迫偿还在战争中拖欠的经济损失。1924年，应以美国为首的盟军要求，德国创建了 IKB 等几家银行用以清偿债务。在 IKB 银行成立的最初阶段，悉心构建了一种成本控制机制，尽管那一时期的普通公民由此获取的收益微乎其微。在经过多年的经营之后，IKB 成长为一家实力雄厚的银行，所取得的业绩均具备世界水准。凭借在战后时期所获得的经验，尤其是那些为振兴战后经济所采取的融资举措，IKB 蜕变为一家专门为那些以获取长期收益为目标的公司提供融资服务的银行。其位于卢森堡的总部大楼由德国 RKW 建筑事务所设计，建成作品最终得以在一个集中了诸多重要建筑的区域中脱颖而出。

# IKB 银行

卢森堡 | 2004 年 | RKW

# IKB 银行

## 卢森堡，卢森堡

建筑设计 | RKW
竣工时间 | 2004 年
总面积 | 6600m²

图片 | 迈克尔 雷西 (Michael Reisch)

IKB 银行大楼坐落于卢森堡伊拉斯谟街附近雄伟的林荫大道上。通过大楼的建筑设计手法，便可以清楚地了解如何将一个理想地块的优势开发出来。具体的策略是通过一个煤黑色的长方体和建筑窗前的巨幅格栅在视觉上将建筑的体量放大，与此同时，巨幅格栅将银行大楼与其对面的建筑物区分开来。

深色的体块隔绝了周围的一切，带给建筑结构一种强烈的暗示。建筑上半部分简洁的形体与立面的力量感挑战着所有已知的测量标准。依循着自身的尺度，这所房子自成一体，与其周围的建筑体量没有任何可比性。此外，建筑在形体上的表达方式同样令人惊叹：每当窗前的百叶格栅完全关闭时，建筑立面便呈现为一个统一的平面；相反，每当百叶格栅隐退至窗洞的轮廓线之外，

建筑便向内凹陷进去。于是，这个紧凑的盒子便仿佛失重了一般。

当百叶格栅处于半闭半合的状态时，立面窗洞与它前面有着纤细质感的百叶形成强烈的对比，赋予建筑一种奇特的神秘气质。建筑单纯的几何形体和极简风格，突出了平屋顶对于这个坚实的几何体的重要性，尽管在正常情况下它几乎是不可见的。这个建筑在风格上可以追溯至唐纳德·贾德（Donald Judd）或索尔莱·维特（Sol Lewitt）的作品，这也使其自身升华为一件艺术品。

深沉的楼体显露在橙红色的外壳之上，红黄两种颜色交织出的阴影仿佛是一个燃烧的火炉不断舞动的热影。德国色彩大师格奥伯（Gotthard Graubner）式的色彩在建筑底层的玻璃幕上相互反射，仿佛凝结了火焰中最浓烈

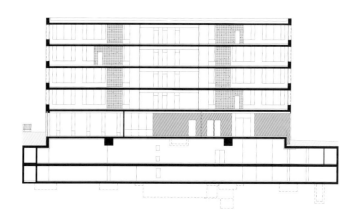

纵剖面

横剖面

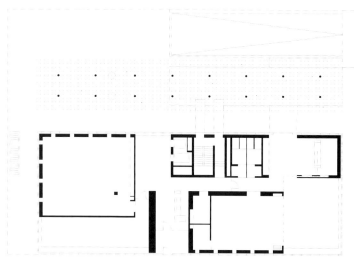

首层平面

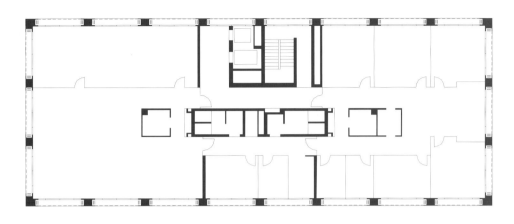

独立办公区标准层平面

的色泽；也好似在建筑之下隐藏着一个纯粹色彩的能量源，在建筑基础的范围内外不断辐射着能量。最终，颜色和能量通过带框的纤细玻璃幕猛烈地爆发出来。

建筑上下颠倒的两部分（磁铁般深沉的立方体和彩色玻璃构成的基座）和内部的功能划分，是它在第一时间内最易被识别的两个特征。在建筑的底座（首层）中包含的是一个开敞的交通空间，相对而言，楼上的空间则更加紧凑，包含有服务区。建筑上下两部分尽管形式各不相同，却和谐共存，融为一体。从城市规划的角度而言，尽管这个建筑和周围的建筑物相比尺度很小，却能够在不对近旁建筑造成视觉破坏的前提下成功地将注意力集中于一身，这可谓是它所取得的几项主要成就之一。

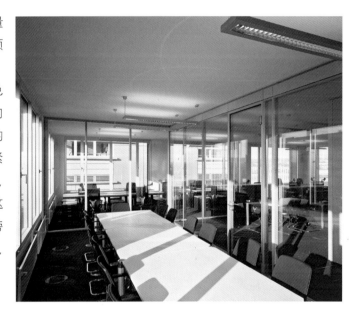

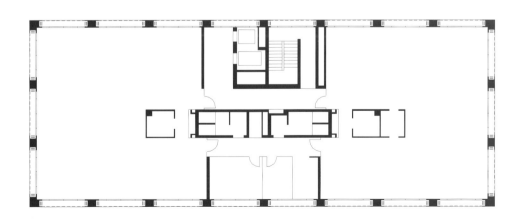

开敞办公区标准层平面

VP 银行（Verwaltungs und Privat-Bank Aktiengesellschaft）于 1956 年在列支敦士登公国成立。1974 年转型为列支敦士登首家由公共资金控股的公司，并于 1983 年在瑞士上市。由于在列支敦士登公司所得税的最高税率仅为 18%，诸多银行均跻身于这一著名的避税天堂。VP 银行在这些众多银行中以个人银行业务为专长，也就是对富人的财产进行管理。由于是一家小型银行，它将精力完全集中在个性化服务领域：银行的高层管理者扮演着金融顾问的角色，使 VP 银行成为客户的战略合作伙伴。如今，VP 银行在卢森堡、莫斯科和苏黎世建有分行，客户遍布世界六十余个国家。

# VP 银行

**特雷森** | 2004 年 | 博格·林德纳建筑工作室（Böge Lindner Architekten）▮

# VP 银行
## 特雷森，列支敦士登

建筑设计 | 博格 林德纳建筑工作室
竣工时间 | 2004 年
总面积 | 21000m²

图片 | 克劳斯 弗拉汉姆 (Klaus Frahm) / 亚瑟

列支敦士登于 1719 年由列支敦士登王朝创建，于 1806 年独立，是世界上最小的国家之一。尽管国土面积和自然资源非常有限，经济却十分繁荣，金融服务业作为其重要的一支产业表现得尤为突出。其国民生活水平与欧洲最富有的城市区域的居民相当。低税率和宽松的贸易准入法规已吸引了 7 万余公司在其领土内注册公司。这一数字已是该国人口的两倍。

二战以后，列支敦士登在经历结构性迅猛发展的同时，城市发展也因为土地的易于获取变得支离破碎和毫无章法。这种状况在连接瓦杜兹与特雷森的城际公路上体现得尤为明显：在乡村环境下，成群的商业建筑自发形成了一种独特的带状城市。

作为列支敦士登公国第三大银行，VP 银行总部坐落于特雷森市，紧临上面提到的那条公路。该项目的主要目标在于营造一个高质量的办公场所，在最大限度利用周遭景观的同时，与环境融为一体。在建筑设计的公开竞赛中，来自汉堡的尤根·博格（Jurgen Böge）和英格堡·林德纳（Ingeborg Lindner）建筑工作室拔得头筹。他们为银行设计了三个彼此相连的体块，其中两个主要体块平行于公路。一个两层楼高的大厅将它们联系在一起，大厅从主立面上凹退进去。整个建筑为混凝土结构，外覆一层灰色石灰石；建筑暴露在外的立面采用双层无框玻璃幕墙。石灰石的纤细质感与透着怡人风景的大片玻璃幕赋予这个建筑一种内敛的优雅。一组电动的金属百

横剖面

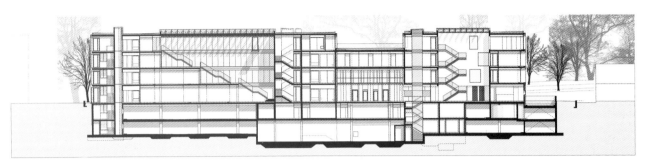

纵剖面

建筑以中央庭院为中心展开，围绕着中央庭院的还有几条宽阔的走廊，露天或不露天，人们于此可以将周围的广阔景色一览无余。

叶系统在为建筑遮风挡雨的同时，还为立面平添了几分韵律和可塑性。

　　一进入室内，空间便围绕着一个功能核心区相互连接起来。楼梯和电梯位于中心位置，便于沿四周布置办公工位，这样一来可以充分利用阳光，减少建筑物的能耗需求。建筑内部使用的橡木地板分外突出，其温暖的质感与钢、铜、玻璃的精工细作构成对比。这个建筑的成就主要在于它和谐的几何形体以及作为人工环境的建筑小心翼翼地植根于大地的细节处理，这一切使得这个有着 21000m² 的建筑物自然而然地融入其所处的乡村环境之中。

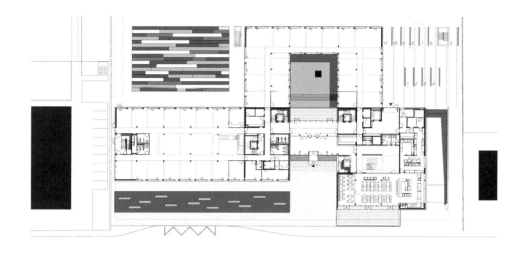

首层平面

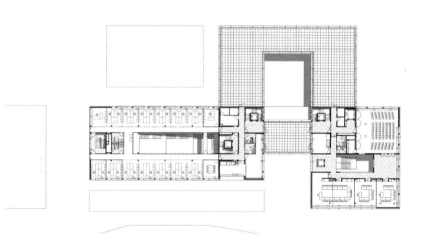

四层平面

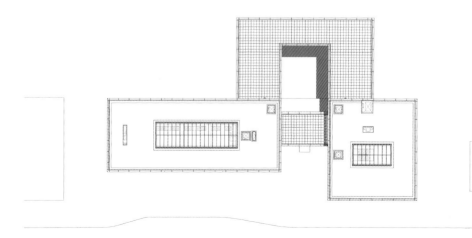

屋顶平面

自 ABN AMRO 银行成立至今已有 180 年的历史。当时的荷兰国王吉列尔莫一世（Nederlandsche Handel Maatschappij）为了使荷兰的金融业实现创收，毅然决定创建 ABN AMRO 银行。起初，它只是一家小型的并且有风险的商贸公司，随着时间的流逝，其成果逐渐显现。公司的使命从其成立之日起便倾向于为公司客户服务。

直至 20 世纪末期，ABN AMRO 银行分行已遍布世界五大洲，在伦敦、纽约、阿姆斯特丹、新加坡和芝加哥等世界上最重要的金融市场中均可以见到它的身影。秉承全球化的市场策略，ABN AMRO 银行雇佣金融领域最精干的专家为客户提供及时和可获利的解决方案，树立了其在活跃的金融体系内可以提供最优金融方案的口碑。ABN AMRO 银行在世界范围内的成功秘诀主要在于它旗下的行业专家所拥有的天赋和解决问题的能力，而这两点也彰显在了 ABN AMRO 银行芝加哥分行的建筑中。

# ABN AMRO 银行

芝加哥 | 2004 年 | 德斯特凡诺及合伙人建筑事务所（De Stefano and Partners）

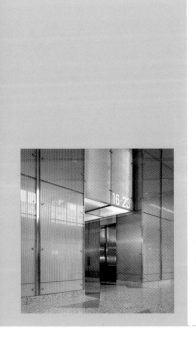

# ABN AMRO 银行

## 芝加哥，伊利诺伊州，美国

建筑设计 | 德斯特凡诺及合伙人建筑事务所
竣工时间 | 2004 年
总面积 | 97350m²

图片 | 尼克 梅里克（Nick Merrick）与乔恩 米勒（Jon Millar）／赫德里奇 布莱英（Hedrich Blessing）

位于芝加哥的 ABN AMRO 银行广场是一个雄心勃勃的建设项目，一共分为两期。无论是一期还是二期的高楼都以一种生动的姿态融入空间中，从而使这个建筑成为芝加哥新的城市地标。充满几何感的设计试图使空间变得更加有活力，并由此成为芝加哥商务区的一个重要实例。为此，建筑师们设计了一些从街道上看去能够令人产生愉悦的视觉体验的空间，比如：在著名的麦迪逊大街的入口处，设计了一个被花园簇拥的公共广场。另外，建筑内部的办公区宽敞、开放，室内空间净高达 9m，放眼望去，芝加哥的城市美景可尽收眼底。

在第二阶段的建设中，设计的重点集中在用于支票处理和数据中心等功能的特殊空间上，这些空间拥有比银行其他办公空间更大的尺度。

这个银行建筑的卓越还体现在所应用的技术上，比如减压系统，可以通过地面和顶棚上的送风口为整个建筑输送新鲜空气，从而实现不间断的空气循环。另一项技术优势体现在建筑的布线系统上：排布在地板下面的管线将关键节点与建筑的备用电源相连，此外，建筑通信网络的建立基于一整套垂直布线系统，它连接着建筑的自动化安保系统，从中控室便可以实现对整座建筑物安全的控制。

在银行大楼的屋顶平台上建有一个花园，为员工提供了室外的休闲空间和一个欣赏城市壮丽景观的绝佳场所。室内空间同样不逊色，办公室从上至下全部被玻璃幕墙所包围，所营造的是一个明亮宜人的工作环境。除办公区外，银行大楼还拥有一个两层的停车场、一个宽敞的员工咖啡厅和一个健身中心。在建筑的二十四层还设有一座大型报告厅。

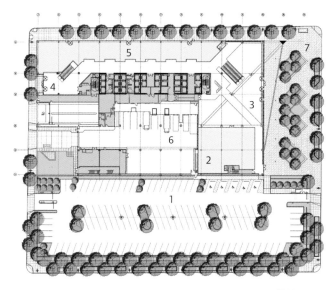

1. 停车场
2. 商业办公区
3. 南大厅
4. 北大厅
5. 商铺
6. 电梯大堂
7. 广场

首层平面

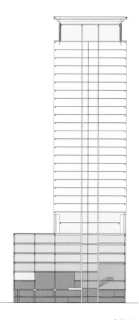

剖面

从建筑南侧的一角可以清晰地看出，其高耸的结构由每三个楼层一布的横梁构成，使建筑朝向街道的一面富于雕塑感。

　　三菱日联金融集团于 2006 年一月在丰田－三菱银行（MTFG）与日本联合金融控股有限公司（UFJ）合并的基础上宣告成立，一度成为世界上最大的金融机构。丰田－三菱银行的前身是创建于 1919 年的三菱银行，如今是三菱重工集团的一部分。2001 年，丰田信托基金部分参股日本联合金融控股有限公司，使之成为日本第四大金融机构。尽管日本联合金融控股有限公司一度是丰田汽车公司最大的股东之一，仍不免在最近几年中遭受了金融危机的重创，以至于在 2004 年 7 月提出与丰田－三菱银行合并的构想并付诸实施。此后，三菱日联金融集团推行了一整套市场战略计划，旨在将公司品牌提升至其所期望的高度，并借此创建一种代表着高质量、安全感与现代性的全新公司形象。鉴于办公环境是一个公司与其客户产生接触的主要场所，三菱日联金融集团将其办公大楼完完全全地塑造成为具有高效广告效应的宣传界面。于是，集团便从其他机构中脱颖而出，其建筑也成为令人过目不忘并具有代表性的标志物。下面介绍的几个项目向大家展示了在为每一个建筑度身定制设计方案的同时，如何传达一种共同的风格和理念，从而使公司形象在日本稠密的都市环境中具有识别性并能够深入人心。

# 三菱日联金融集团（MUFG）

**日本 名古屋** | 2006 年 | 尼尔·M·德纳瑞建筑事务所（Neil M. Denari Architects）
**日本 神户** | 2006 年 | 尼尔·M·德纳瑞建筑事务所（Neil M. Denari Architects）
**日本 大阪** | 2006 年 | 近藤康夫设计事务所（Yasuo Kondo Design）

# 三菱日联金融集团
## （MUFG）
### 名古屋，日本

建筑设计｜尼尔 M 德纳瑞建筑事务所
竣工时间｜2006 年
总面积｜1200m²

图片｜NMDA

名古屋在日本是一个较为特殊的城市，不仅由于它地处关东（东京大都市区）与关西（京都／大阪所处区域）之间，也因为它是日本第四大城市且文化独特。名古屋在第二次世界大战的战火中曾被夷为平地，经过之后多年的经济复兴，如今它已成为一个工业与技术高度发达的进步中心和日本汽车工业之都。与此同时，作为一个有着千年传统的古老都市，对高质量生活的追求和崇尚也是由来已久。客观上仿佛存在着一种"名古屋风格"，它体现在当地人对先锋设计的品位以及在当代生活中对品牌的理解方式上。聪明、精益求精甚至苛刻是名古屋人的特点。基于这些条件，尼尔·M·德纳瑞事务所的建筑师团队在准确领会当地人文环境的前提下，从一种创新的建筑语言入手，开始对三菱日联金融集团

的总部进行设计。这个项目是针对一个 20 世纪 70 年代的建筑物做局部改造设计，应客户希望保留该建筑的要求，建筑师为其设计了一层由轻型黑色反光板构成的饰面系统。黑色不仅代表了日本传统美学中最优雅、最简洁的一面，而且还显示着作为一个银行机构所特有的严谨与稳重。技术语言通过建筑立面上各式各样的细节得以体现出来：从那有着柔和线脚和立体感的大堂入口，到激光穿孔板上精细的图样，既充当了二层窗户前的百叶，又装点了风景。

建筑室内设计的基本理念基于形式与功能的融合。鉴于新型银行办公空间的定位，建筑师试图用一种显著的当代设计风格赋予室内空间一种全新的感觉，即一种平易近人的友好氛围。设计中的抢眼之处在于那

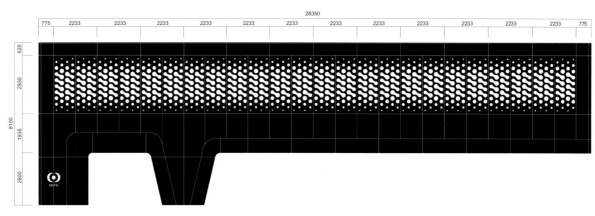

外墙立面

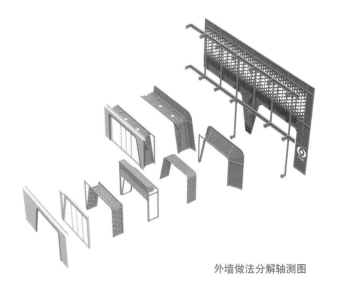

外墙做法分解轴测图

些有着柔和曲面的顶棚与墙体，像是一道连贯而流畅的单一风景；白色石膏板与两种类型木板之间的材质对比同样令人印象深刻。平面的柔和曲率为营造一种友好空间而特别设计，而不同材料与颜色的组合运用则是为了给人一种清新和生动的感受。用来界定空间的家具与地毯同样出自这些建筑师之手，这些设计元素应用了与外立面同样的几何形体，通过明亮、温暖和有着几分刺激的色彩为三菱日联金融集团完满地勾画出一个独一无二的小世界。

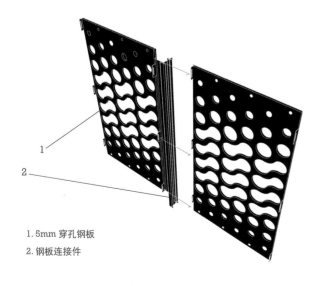

1.5mm 穿孔钢板

2.钢板连接件

Detalle del sistema de juntas de la fachada

建筑的空间序列从主楼梯所在的大厅开始，大厅内的微孔铝板标界着办公区的入口。实际上，所有室内设计元素都与地面相脱离，营造了一种轻盈和富有动感的氛围。

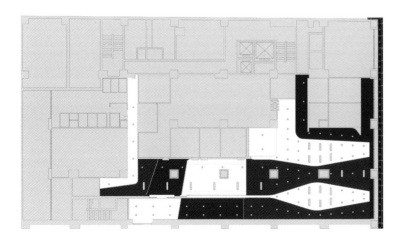

首层吊顶平面

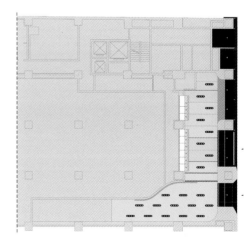

二层吊顶平面

这个建筑好比是一只典型的日本漆碗，其朴素的黑色外立面与室内丰富的材料和颜色形成强烈反差。

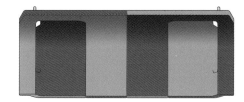

双座沙发，日本冈村（Okamura）制造

# 三菱日联金融集团（MUFG）

## 神户，日本

建筑设计 | 尼尔 M 德纳瑞建筑事务所
竣工时间 | 2006 年
总面积 | 325m$^2$

图片 | NMDA

三菱日联金融集团神户分行是尼尔·M·德纳瑞建筑事务所为该集团所设计的系列建筑中的第三个作品，同时也是首个在日本其他城市对名古屋分行建筑进行复制的作品（集团总部便位于名古屋，集团的公司形象开始并定型于其位于名古屋的建筑中）。神户作为推广公司形象的首选地并非偶然，因为这座城市与名古屋一样都有着相似的历史和文化特性，一样富于进取精神和现代性。神户位于大阪以西几公里处，隶属日本第二大工业区——关西地区。它还是日本 1868 年第一批向西方开放边界进行贸易往来的城市之一，这在日后逐渐巩固了神户作为日本重要口岸的地位。作为日本国际化程度最高的城市之一，这里的外籍居民日益增多，越来越多的来自亚洲、美国和欧洲的公司在这座城市里扎根。1995 年的地震将

神户摧毁殆尽，剥夺了 6000 多人的生命。从此以后，这座城市借助先进技术与先锋美学开始了复兴之路。在为集团神户分行的办公室设计中，设计师们在仔细研究了人体工程学和办公室功能学之后，试图将一种暗示性的形式语言与应用于客户接待系统的最新技术结合起来。室内空间的划分基于一个完全自由的平面展开，其中以会议室和休息区空间最为突出。室内家具面朝等离子屏幕的方向摆放，而这些大型等离子屏幕则是主宰整个空间的主角。房间内的吊顶在白色石膏板和深色木板两种材料中自由切换，共同构成一道蜿蜒曲折的景观，映射着屋顶下方各个空间之间的流畅贯通。

通过这一系列银行总部的设计，三菱日联金融集团发掘了种种美学可能性。这些可能性具体体现在木头或

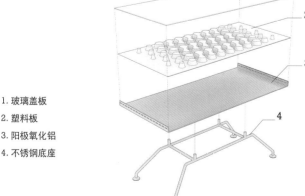

1.玻璃盖板
2.塑料板
3.阳极氧化铝
4.不锈钢底座

中央桌子，日本冈村制造

双座沙发

石膏等具体材料的色调或颜色之间的强烈对比中，也体现在比如曲率的运用与表面工序的精雕细作等工业设计的技术手法中，尽管它们是以一种放大的尺度被应用在建筑设计上。作为空间一体化概念的一部分，三菱日联金融集团所有分行的家具陈设均由日本最大的家具生产商——冈村进行个性化设计并制造。在沙发和座椅的设计中重复着室内吊顶的曲率与对比色的运用，而中央桌子的设计好似一个三层的三明治：一层不锈钢穿孔板，中间是塑料材质的桌体，带有与名古屋分行立面上一样的图案，最上面是一块半透明的玻璃板。

沙发侧面图

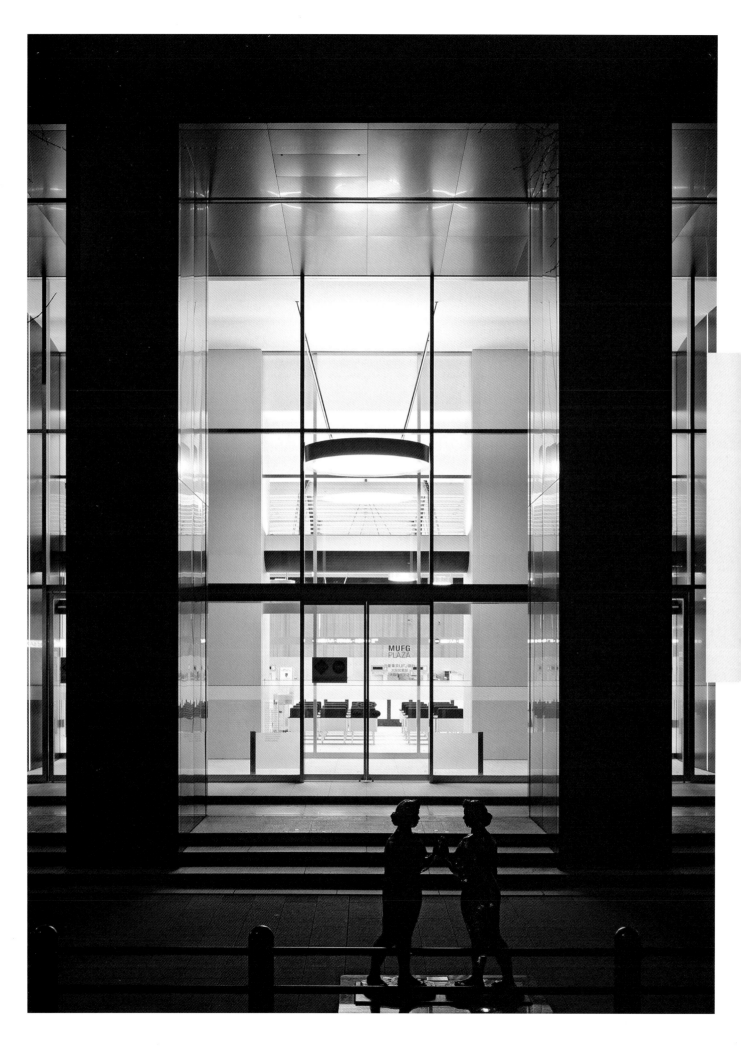

# 三菱日联金融集团 （MUFG）

## 大阪，日本

建筑设计｜近藤康夫设计事务所
竣工时间｜ 2006 年
总面积｜ 7000m²

图片｜纳卡萨及其合伙人 （Nacasa & Partners）

# 三菱日联金融集团／大阪
近藤康夫设计事务所

作为扩张计划的一部分，三菱日联金融集团决定对其位于大阪和名古屋的两所重要分行进行改建，借此巩固其个人银行和零售银行方面的业务。为此，银行找到了近藤康夫设计事务所。近藤康夫是日本最著名的室内设计师之一，出生于1950年，知名设计案例包括为山本耀司、川久保玲、豪雅表等品牌所做的商业项目，以及为"AB设计"（AB Design）所做的系列家具设计。近藤康夫以善于创造优雅的功能性空间为特色，他还善于使用如木头、钢材、丙烯酸或玻璃等各种材料，并在不同材质之间创造细微的反差。

在大阪分行的设计中，对日本联合金融控股有限公司一栋老建筑的首层进行了改造以重新加以利用。这栋建筑位于两条大街的交汇口，改造设计在保持原建筑立面上大窗户的尺寸与韵律不变的前提下，对建筑入口进行了重点设计。朝向大街的门脸共有三个门洞，被蓝色铝板重新包裹一新，这三个门洞象征着东京、富士与联合金融控股有限公司三家古老银行的融合。三个门洞从立面上轻微地突出来，形成入口门廊。里面的入口通过一个两层楼高的玻璃幕墙实现，并通过一个宽楼梯与外面的大街相通。夜晚，竖向的荧光灯将建筑入口点亮，随着灯光颜色的变化，建筑呈现出一幅纯粹而富有吸引力的形象。

这次改造设计并非传统意义上简单地对墙面、地面和顶棚进行重新设计。近藤康夫创建的是一个可以整个嵌入建筑一层空间中的独立结构。这种结构的使用允许对建筑结构柱周围的空间进行自由划分。在最初的概念

1. 主入口
2. 大厅
3. 办公区
4. 北入口
5. 公众接待区
6. 自助提款机
7. 服务通道

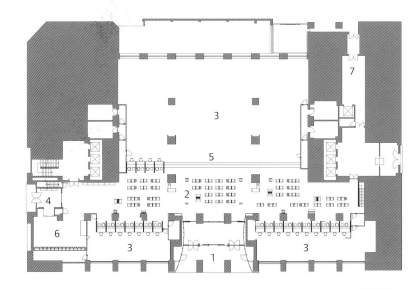

首层平面

设计中，这个空间被构思为一个用于交流和会议的场所，空间中的唯一元素就是划分了空间的银行柜台。一系列钢化玻璃板将自助服务区和私人接待区隔离出来以保护个人隐私。最重要的元素在于吊顶的设计：一种由成排钢肋条构成的轻型体系悬吊于建筑的主体结构上，覆盖了整个银行的公共区域。吊顶由三个部分组成，其中还整合了照明系统。从家具、科丽安（Corian®）牌柜台到风格化了的环形灯与标牌均由近藤康夫设计事务所设计。在建筑室内基调的把握上，则以黑白两色的组合以及钢、铝与玻璃之间的对比最为突出。

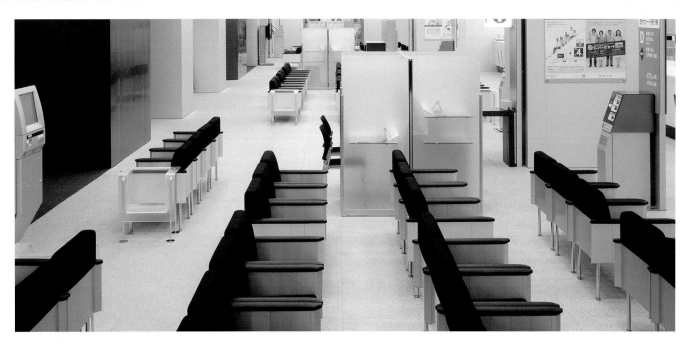

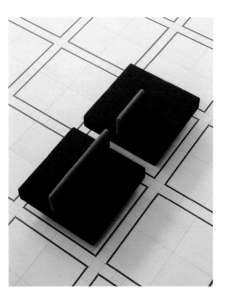

范布雷达银行是近些年最为兴盛的金融机构之一。同时兼顾着个人银行业务与公司银行业务，范布雷达拥有超过 2400 万欧元以上的投资组合。它的目标是成为专业金融领域最优秀的银行，在严格的监管下，成体系地保障资金的安全与收益。银行的经营哲学建立在了解客户财政状况的基础之上，保障其长远收益。出于这一思路，银行选择了安特卫普的老货运站作为其总部基地。对一个历史悠久的建筑进行改造再利用本身就是一种有远见的进步之举，并意味着对一种良好投资未来的预见。在一个以老建筑改造为主要特色的城市街区中，这个建筑本身的象征性被再次强化。

# 范布雷达银行
# （J.Van Breda）

安特卫普 | 2007 年 | 康尼克斯建筑事务所（Conix）

# 范布雷达银行
# (J.Van Breda)
## 安特卫普，比利时

建筑设计 ｜ 康尼克斯建筑事务所
竣工时间 ｜ 2007 年
总面积 ｜ 7000m²

图片 ｜ 塞尔日 布里森 （Serge Brison）

位于安特卫普市新南区（New South）的城南货运站是一个有着几十年历史的老建筑，如今被范布雷达银行选中作为其总部办公基地。这个从 20 世纪 60 年代起就被废弃不用的房子，也曾作为人流和物流的交通中心经历过它的鼎盛时期。当城南船厂达到它的能力极限，港口的活动不得不迁往城北码头之际，城南货运站的使命也走到了尽头。1998 年城南货运站由于其历史和建筑价值，被宣布为比利时国家级遗产。当康尼克斯事务所的建筑师们第一次造访这一老建筑时，便提出要对它进行修复，以重拾以往的荣耀。在改造项目的同时，康尼克斯的建筑师们还需要为银行另行设计一座全新的办公建筑。经修复的建筑成为对其坚不可摧的历史和令人鼓舞的未来的最佳象征，而这两点对像范布雷达这样的金融机构来说恰恰也是至关重要的。

作为安特卫普一个越来越受追捧的区域，新南区已然变为一个有利于实施建筑改造的地方，比如理查·罗杰斯新近完工的建筑——地方法院也位于这一区域，新旧之间的细微对比被该区域的活力所激发。

新建筑的位置是受新南区总体规划的启发而定。现存建筑中所容纳的功能有前台接待区、出纳柜台、一个小型报告厅和办公空间，而新建筑则被开敞的办公空间所占据。在新旧两座建筑之间有透明的轻型桥梁相连，象征着时间由过去向未来的过渡。

整个设计的主线依循着新元素与原始结构之间的关系展开。然而，鉴于货运站的历史价值，新建筑在体量与用材方面总是退居二位。将新建筑的墙体高度降低到

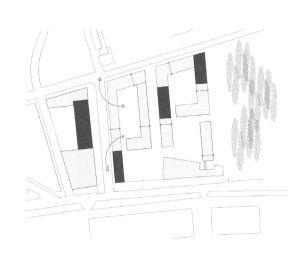

方位图

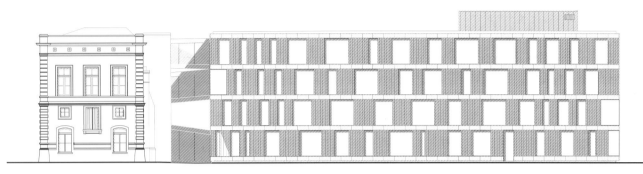

側立面

与老建筑一样的水平后，新、老建筑便可以实现相互交流，从而融为一体，银行的公司形象也随之被完整地呈现出来。

新建筑在高度上和楼层的横向划分上明白无误地再现了货运站老建筑的元素。层层叠叠的立面构图利用横向上的开放与竖向上的封闭，传递出一种当代设计感。

新建筑的立面被一层绿色的锈蚀锌板覆盖，这种材料既强调了货运站的当代属性，又令我们想起它的工业特征。整个建筑就这样融入到了城市景观之中。

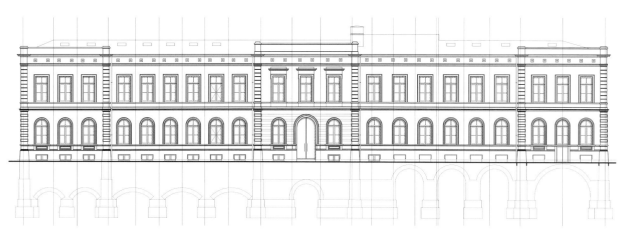

前立面

在货运站老建筑内部是一个两层高的中央大厅，由于其露明的金属结构，依然保持着原有工业建筑的风格。

　　德国复兴信贷银行集团在其 50 余年的历史中一直致力于推动德国乃至欧洲的经济、社会和环保事业的发展。它的宗旨包括：资助中小型企业、为创业者提供便利、支持自有住宅和住房的现代化、保护环境、为出口产业提供融资帮助、为发展中国家提供帮助等。集团的经营理念在于创新和对高盈利水平的追求。

　　集团公司聘请德国 RKW 建筑事务所为其位于法兰克福的总部大楼做改造设计。建筑师在改善了室内外空间的同时，赋予大楼一个自发的、全新形象，传递了德国复兴信贷银行集团对于环保事业的承诺。

# 德国复兴信贷银行（KfW）

法兰克福｜2006 年｜RKW

# 德国复兴信贷银行
# （KfW）

## 法兰克福，德国

建筑设计｜RKW
竣工时间｜2006 年
总面积｜1200m² （扩建面积）

图片｜托马斯 赫雷（Thomas Rhiele）

在使用了40年以后，德国复兴信贷银行决定对其位于法兰克福的总部大楼进行全面改造。改造范围不仅涉及建筑的外墙立面，而且也包括室内空间，希望以可持续的方式改善空间的质量、技术设备和防火设施。该项目由著名的RKW建筑事务所负责设计。

总部大楼由四座有着相同结构和不同立面竖向构图的方块体组成。四个方块体既有突出的城市特征，又能与周围的古树群谨慎地结合为一体。它们分别有10～14层楼，最高距离地面68m。

建筑立面的更新表现在可开合的窗户系统上。在这里所应用的是一种新型的遮阳板，它既可以左右滑动又可以上下开合，身处建筑中的人无需再顾及相应的防风

防雨设施，即可实现与室外的沟通。此外，这种可移动的遮阳板在设计上足以抵抗强风的影响。

建筑首层的外墙由梁柱横纵交叉而成，其外设计有一层金属遮阳板。

为减少建筑的主要能源消耗并降低150kWh/m²的限制值，在设计上使用了一些潜在的节能手段。为了以自然方式补偿室内的日常供暖，建筑采用了夜间散热的原则，即让冷空气在夜间通过通风口进入室内。（译注，此段话在逻辑上有问题，150kWh/m²这个单位疑为150wh/m²）

为了从底层东翼进入大楼，来访者必须穿过一个平坦的棕榈树花园和拱廊内庭院。然后进入到一个两层高

方位平面图

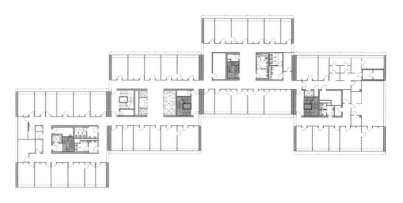

办公区标准层平面

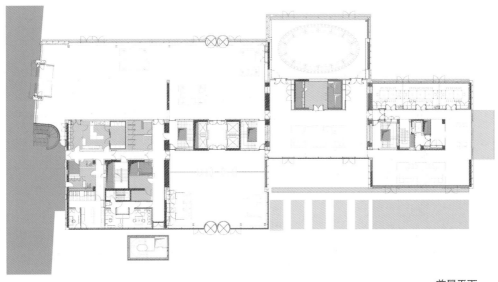

首层平面

的大厅，这里便是集团大楼最具代表性的主入口。

建筑内的空间感通过艺术家托马斯·拜尔勒（Thomas Bayrle）悬挂在墙上的画作以及建筑本身的材质和建筑语言得以实现。夜幕降临，建筑在全景照明的烘托下，给人以特色鲜明的空间质感。从大厅内的电梯间可以到达本楼所有楼层，也可以进入其他三座楼中。

在建筑首层有一个连接中央大厅与旁楼北面拱廊的通道，改造前，这个通道只有一扇门的宽度，其尺度远不足以容纳这里的日常喧嚣与拥挤。改造后的通道从博克恩黑尔大道（Bockenheier Landstrasse）上的入口处一直延伸至中央电梯间，较之以前更加宽敞和舒适。

一个用 F30 玻璃做成的天窗为通道内的空间提供了自然采光，并且突出了通道本身在整个建筑中的重要性。

中央大厅所在大楼的北翼是银行董事会专用的会议区，这里面朝西北方的棕榈树花园，安静而美丽。主会议厅采用的是双层钢结构。

在改造一新的办公大楼里，无论是小型的单人办公室还是可容纳 6～10 人的小组办公室，均可以实现。通过对空间的重新设计和办公家具的布置，空间被放大。加之艺术装饰的点缀，整座建筑给人的印象更加深刻。由此，建筑的室内和室外空间、建筑材料与艺术陈设优雅地交织在一起。

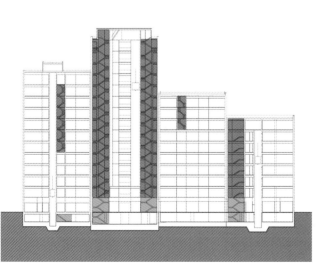

纵剖面

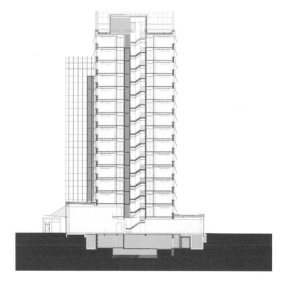

横剖面

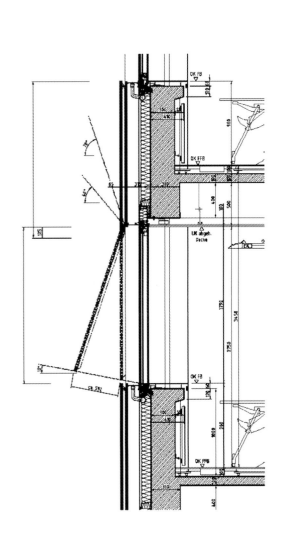

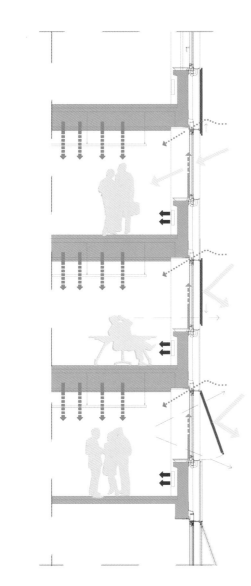

外墙大样

建筑的简洁性与功能性通过室内的间接照明、纯粹的形式和所应用的高科技体现出来。

## 3XN
Kystvejen 17, Århus C DK-8000, Dinamarca
T: +45 8731 4848
F: +45 8731 4849
3xn@3xn.dk
www.3xn.com

## Alberto Campo Baeza
Almirante 9, 2° Izqda. Madrid 28004, España
T: +34 91 701 0695
F: +34 91 521 7061
estudio@campobaeza.com
www.campobaeza.com

## Behnisch Architekten
Rotebühlstraße 163ª, Stuttgart 70190, Alemania
T: +49 (0)711 60772-0
F: +49 (0)711 60772-99
ba@behnisch.com
www.behnisch.com

## Bolles+Wilson
Hafenweg 16, Münster 48155, Alemania
T: +49 251 48272 0
F: +49 251 48272 24
info@bolles-wilson.com
www.bolles-wilson.com

## Conix Architects
Cockerillkaai 18, Amberes 2000, Bélgica
T: +32 (0)3 259 1142
F: +32 (0)3 259 1149
cfr@conixarchitects.com
www.conixarchitects.com

## De Stefano and Partners
445 East Illinois Street, Suite 250, Chicago, IL 60611, Estados Unidos
T: +1 312 836 4321
F: +1 312 836 4322
info@dplusp.com
www.destefanoandpartners.com

## EEA - Erick van Egeraat Associated Architects
Calandstraat 23, Rotterdam, CA 3016, Holanda
T: +31 (0)436 9686
F: +31 (0)435 9573
eea.nl@eea-architects.com
www.eea-architects.com

**Hans Hollein**

Argentinierstrasse 36, Vienna 1040, Austria

T: +43 1 505 51 96 -0

F: +43 1 505 88 94

office@hollein.com

www.hellein.com

**Böge Lindner Architekten**

Brooktorkai 15, Hamburg 20457, Alemania

T: +49 (0)40 32 50 66 0

F: +49 (0)40 32 50 66 66

info@boegelindner.de

www.boegelindner.de

**Meyer en Van Schooten**

Pilotenstraat 35, Ámsterdam, Holanda

T: +31 (0)20 5319 800

F: +31 (0)20 5319 801

www.meyer-vanschooten.nl

**Neil M. Denari Architects**

12615 Washington Blvd., Los Angeles, CA 90066, Estados Unidos

T: +1 310 390 3033

F: +1 310 390 9810

info@nmda-inc.com

www.nmda-inc.com

**RKW**

Tersteegenstraße 30, Düsseldorf 40474, Alemania

T: +49 211 4367 537

F: +49 211 4367 566

info@rkwmail.de

www.rkw-as.de

**Yasuo Kondo Design**

3-24-24 Nishiazabu Minatoku, Tokio, Japón

T: +81 (0)3 3408 0981

F: +81 (0)3 3408 0983

s-oki@kon-do.co.jp

www.kon-do.co.jp

著作权合同登记图字：01-2009-7371号

图书在版编目（CIP）数据

全球银行办公大楼设计／（西）巴阿蒙等著；路培译．—北京：中国建筑工业出版社，2013.1
（国际知名企业标志性建筑设计译丛）
ISBN 978-7-112-15112-7

Ⅰ.①全… Ⅱ.①巴…②路… Ⅲ.①银行－建筑设计－设计方案－世界 Ⅳ.①TU247.1

中国版本图书馆 CIP 数据核字（2013）第 052295 号

Original Spanish title: BANCA

Editor Coordinator: Alejandro Bahamón & Ana Cañizares

Text Authors: Ezequiel Hochreuter & Antonio Corcuera

Research: Alexandre Campello

Art Direction & Design: Midori

Original Edition © PARRAMON EDICIONES, S.A.Barcelona, España

World rights reserved

Translation Copyright © 2014 China Architecture & Building Press

本书由西班牙 Parramón 出版社授权翻译出版

责任编辑：姚丹宁
责任设计：赵明霞
责任校对：肖　剑　刘梦然

国际知名企业标志性建筑设计译丛
## 全球银行办公大楼设计

[西]　亚历杭德罗·巴阿蒙　著
　　　安娜·卡尼萨雷斯
　　　　　　路培　译

\*
中国建筑工业出版社出版、发行(北京西郊百万庄)
各地新华书店、建筑书店经销
北京嘉泰利德公司制版
北京顺诚彩色印刷有限公司印刷
\*
开本：880×1230毫米　1/16　印张：10½　字数：320千字
2014年1月第一版　2014年1月第一次印刷
定价：198.00元
ISBN 978-7-112-15112-7
　　　　（23052）